U0181908

上海市工程建设规范

# 住宅建筑绿色设计标准

Green design standard for residential building

DGJ 08—2139—2021

J 12621—2020

主编单位:同济大学建筑设计研究院(集团)有限公司
　　　　　上海建筑设计研究院有限公司
批准部门:上海市住房和城乡建设管理委员会
施行日期:2021 年 6 月 1 日

同济大学出版社

2021　上海

**图书在版编目(CIP)数据**

住宅建筑绿色设计标准/同济大学建筑设计研究院
(集团)有限公司,上海建筑设计研究院有限公司主编
. —上海:同济大学出版社,2021.3
ISBN 978-7-5608-9811-7

Ⅰ.①住… Ⅱ.①同… ②上… Ⅲ.①住宅-生态建
筑-建筑设计-评价标准-上海 Ⅳ.①TU241-34

中国版本图书馆 CIP 数据核字(2021)第 038967 号

## 住宅建筑绿色设计标准

同济大学建筑设计研究院(集团)有限公司
上海建筑设计研究院有限公司  主编

策划编辑　张平官
责任编辑　朱　勇
责任校对　徐春莲
封面设计　陈益平

出版发行　同济大学出版社　　www.tongjipress.com.cn
　　　　　(地址:上海市四平路 1239 号　邮编:200092　电话:021－65985622)

经　　销　全国各地新华书店
印　　刷　浦江求真印务有限公司
开　　本　889mm×1194mm　1/32
印　　张　3.25
字　　数　87 000
版　　次　2021 年 3 月第 1 版　　2021 年 3 月第 1 次印刷
书　　号　ISBN 978-7-5608-9811-7
定　　价　30.00 元

本书若有印装质量问题,请向本社发行部调换　　版权所有　侵权必究

# 上海市住房和城乡建设管理委员会文件

沪建标定〔2021〕63 号

## 上海市住房和城乡建设管理委员会 关于批准《住宅建筑绿色设计标准》为 上海市工程建设规范的通知

各有关单位：

由同济大学建筑设计研究院(集团)有限公司、上海建筑设计研究院有限公司主编的《住宅建筑绿色设计标准》，经我委审核，并报住房和城乡建设部同意备案(备案号为 J 12621—2020)，现批准为上海市工程建设规范，统一编号为 DGJ 08—2139—2021，自 2021 年 6 月 1 日起实施。其中第 8.4.3 条为强制性条文。原《住宅建筑绿色设计标准》(DGJ 08—2139—2018)同时废止。

本规范由上海市住房和城乡建设管理委员会负责管理，同济大学建筑设计研究院(集团)有限公司负责解释。

特此通知。

上海市住房和城乡建设管理委员会
二〇二一年一月二十八日

# 前　言

根据上海市住房和城乡建设管理委员会《关于印发〈2019 年上海市工程建设规范编制计划（第二批）〉的通知》（沪建标定〔2019〕558 号）的要求，由同济大学建筑设计研究院（集团）有限公司、上海建筑设计研究院有限公司会同有关单位组成的编制组经广泛调查研究，认真总结近年来本市住宅建筑绿色设计实践经验，参考有关绿色建筑评价标准，并在广泛征求意见的基础上，编制了本标准。

本标准的主要内容有：总则；术语；基本规定；绿色设计策划；场地规划与室外环境；建筑设计与室内环境；结构设计；给水排水设计；供暖、通风和空调设计；电气设计。

本次修订的主要技术内容是：①完善了绿色建筑策划内容与要求；②补充了安全耐久、室内外环境质量及环保材料的相关要求；③完善了建筑结构的绿色设计范围与内容；④细化了节水与卫生要求，明确了全装修住宅节水器具使用比率要求；⑤明确了空气处理要求并强调了地下车库应设置与排风设备联动的一氧化碳浓度监测装置；⑥明确了电气设计及电气产品的安全、节能、防火和智能化的要求。

本标准中以黑体字标志的条文为强制性条文，必须严格执行。

各单位及相关人员在执行本标准过程中，如有意见或建议，请反馈至上海市住房和城乡建设管理委员会（地址：上海市大沽路 100 号；邮编：200003；E-mail：bzgl@zjw.sh.gov.cn），同济大学建筑设计研究院（集团）有限公司（地址：上海市四平路 1230 号；邮编：200092），或上海市建筑建材业市场管理总站（地址：上海市小木桥路 683 号;邮编:200032;E-mail:bzglk@zjw.sh.gov.cn)。

主　编　单　位:同济大学建筑设计研究院(集团)有限公司
　　　　　　　　上海建筑设计研究院有限公司
参　编　单　位:上海绿色建筑协会
　　　　　　　　上海市建筑科学研究院(集团)有限公司
　　　　　　　　上海城投置业有限公司
主要起草人:车学娅　寿炜炜　徐　桓　归谈纯　夏　林
　　　　　　耿耀明　徐　凤　叶谋杰　王　颖　王君若
　　　　　　白燕峰　洪　辉　廖　琳　徐晓燕　岳志铁
　　　　　　李　纬　张　辰　寇玉德
主要审查人:姜秀清　沈文渊　栗　新　范宏武　李中一
　　　　　　张伯仑　高小平

上海市建筑建材业市场管理总站

# 目　次

1 总　则 ·········································· 1

2 术　语 ·········································· 2

3 基本规定 ········································ 3

4 绿色设计策划 ···································· 4

　4.1 一般规定 ···································· 4

　4.2 建筑专业策划 ································ 4

　4.3 结构专业策划 ································ 5

　4.4 给排水专业策划 ······························ 6

　4.5 暖通空调专业策划 ···························· 6

　4.6 电气专业策划 ································ 7

5 场地规划与室外环境 ·························· 8

　5.1 一般规定 ···································· 8

　5.2 规划与建筑布局 ······························ 8

　5.3 交通组织 ·································· 9

　5.4 室外环境 ·································· 10

　5.5 绿化、场地与景观设计 ···················· 10

6 建筑设计与室内环境 ························ 14

　6.1 一般规定 ·································· 14

　6.2 室内环境 ·································· 15

　6.3 围护结构 ·································· 15

　6.4 建筑及装修用料 ···························· 16

　6.5 建筑安全及防护 ···························· 17

7 结构设计 ···································· 18

　7.1 一般规定 ·································· 18

   7.2  地基基础设计 ………………………………… 18

   7.3  主体结构设计 ………………………………… 19

   7.4  装配式建筑 …………………………………… 20

8  给水排水设计 …………………………………… 21

   8.1  一般规定 ……………………………………… 21

   8.2  给水系统 ……………………………………… 21

   8.3  生活热水 ……………………………………… 22

   8.4  非传统水处理利用及雨水控制 …………… 22

   8.5  节水器具与计量 ……………………………… 23

9  供暖、通风和空调设计 ………………………… 25

   9.1  一般规定 ……………………………………… 25

   9.2  冷热源 ………………………………………… 25

   9.3  输配系统 ……………………………………… 26

   9.4  末端设备 ……………………………………… 27

   9.5  计量与控制 …………………………………… 27

10  电气设计 ……………………………………… 29

   10.1  一般规定 …………………………………… 29

   10.2  供配电系统 ………………………………… 30

   10.3  计量与控制 ………………………………… 30

   10.4  照明系统 …………………………………… 31

本标准用词说明 ………………………………… 32

引用标准名录 …………………………………… 33

条文说明 ………………………………………… 35

# Contents

1 General provisions ································································ 1

2 Terms ···································································· 2

3 Basic requirements ······················································ 3

4 Green design planning ··················································· 4

  4.1 General requirements ·············································· 4

  4.2 Architectural planning ············································ 4

  4.3 Structural planning ··············································· 5

  4.4 Water supply and drainage planning ····················· 6

  4.5 HVAC planning ··················································· 6

  4.6 Electrical planning ··············································· 7

5 Site planning and outdoor environment ····················· 8

  5.1 General requirements ············································ 8

  5.2 Planning and building layout ······························· 8

  5.3 Traffic organization ············································· 9

  5.4 Outdoor environment ··········································· 10

  5.5 Greening, site and landscape design ················· 10

6 Architecture design and indoor environment ············ 14

  6.1 General requirements ··········································· 14

  6.2 Indoor environment ············································ 15

  6.3 Building Envelope ·············································· 15

  6.4 Building and decoration material ······················· 16

  6.5 Building safety and protection ·························· 17

7 Structural design ······················································· 18

  7.1 General requirements ··········································· 18

7.2 Building foundation design ............................................ 18

7.3 Main structure design ............................................ 19

7.4 Prefabricated building ............................................ 20

8 Water supply and drainage design ............................................ 21

8.1 General requirements ............................................ 21

8.2 Water supply system ............................................ 21

8.3 Domestic hot water ............................................ 22

8.4 Non-traditional water utilization and storm water
    runoff control ............................................ 22

8.5 Water saving fittings and metering ............................................ 23

9 HVAC design ............................................ 25

9.1 General requirements ............................................ 25

9.2 Heat and cold source ............................................ 25

9.3 Energy transportation and distribution system ...... 26

9.4 Terminal system ............................................ 27

9.5 Metering and control ............................................ 27

10 Electrical design ............................................ 29

10.1 General requirements ............................................ 29

10.2 Power supply and distribution system ............... 30

10.3 Metering and control ............................................ 30

10.4 Illumination ............................................ 31

Explanation of wording in this standard ............................................ 32

List of quoted standards ............................................ 33

Explanation of provisions ............................................ 35

# 1 总　则

**1.0.1** 为贯彻执行节约资源和保护环境的国家技术经济政策,推进本市建筑行业可持续发展,规范住宅建筑绿色设计,制定本标准。

**1.0.2** 本标准适用于本市新建、改建和扩建的住宅建筑工程的绿色设计。

**1.0.3** 住宅建筑绿色设计应统筹考虑住宅建筑全寿命期内安全耐久、健康舒适、生活便利、资源节约(节能、节地、节水、节材)、环境宜居、保护环境之间的辩证关系,体现经济效益、社会效益和环境效益的统一。

**1.0.4** 住宅建筑的绿色设计除应符合本标准的规定外,尚应符合国家、行业和本市现行有关标准的规定。

# 2 术 语

**2.0.1** 住宅建筑绿色设计　green design of residential building

在住宅建筑设计中采取可持续发展的技术措施，在满足住宅结构安全和使用功能的基础上，实现建筑全寿命期内的资源节约和环境保护，为人们提供健康、适用和高效的使用空间。

**2.0.2** 总绿地面积　total green area

住宅用地内公共绿地、建筑旁绿地、公共服务设施所属绿地和道路绿地（即道路红线内的绿地）等各种形式绿地的总面积，包括满足植树绿化覆土要求、人员可通达的地下或半地下建筑的屋顶绿地和政府主管部门认可的可计入绿地率的屋顶、晒台的绿地及垂直绿化。

**2.0.3** 装配式住宅　assembled housing

以工业化生产方式的系统性建造体系为基础，建筑结构体与建筑内装体中全部或部分部件部品采用装配方式集成化建造的住宅建筑。

**2.0.4** 非传统水　non-conventional water

不同于传统地表水供水和地下水供水，包括雨水、河道水、再生水、海水等。

# 3 基本规定

**3.0.1** 住宅建筑绿色设计应进行绿色策划,明确住宅建筑的绿色设计目标。

**3.0.2** 住宅建筑绿色设计应遵循因地制宜原则,并结合本市的气候、资源、生态环境、经济、人文等特点,还应符合本市城市规划管理的相关规定。

**3.0.3** 住宅建筑绿色设计应综合考虑建筑全寿命期内的技术与经济特性,采用有利于促进建筑与环境可持续发展的场地、建筑形式、技术、设备和材料。

**3.0.4** 方案设计阶段应编制绿色设计策划书,明确拟采用的主要绿色建筑技术。

**3.0.5** 初步设计阶段应编制绿色设计专篇,明确绿色建筑设计目标和相应的绿色建筑设计策略,分专业阐述技术措施、材料选用和设备选型;宜明确所采用的绿色建筑技术增量成本。

**3.0.6** 施工图设计阶段应分专业编制绿色设计专篇,主要内容应包括:

    **1** 绿色建筑定位等级目标。

    **2** 绿色建筑的技术选项。

    **3** 相关材料的性能指标或设备的技术指标和技术措施。

    **4** 绿色建筑各类技术指标自评分表。

**3.0.7** 建筑、结构、给排水、暖通和电气专业应紧密配合,结合住宅建筑特点,选择适用、经济合理的绿色设计技术。

**3.0.8** 建筑设计应结合项目特点采用建筑信息模型(BIM)技术,并应用于建筑设计的全过程。

**3.0.9** 建筑设计应结合项目特点考虑工业化的建造方式,采用适合装配式建筑的标准化设计。

# 4 绿色设计策划

## 4.1 一般规定

**4.1.1** 绿色设计策划应在建筑的设计方案阶段进行。

**4.1.2** 绿色设计策划应包括建筑设计阶段和运营管理阶段。

**4.1.3** 绿色设计策划应包括下列内容：

    **1** 前期调研。

    **2** 项目定位与目标分析：

        **1）** 项目自身特点和需求分析；

        **2）** 达到的现行绿色建筑评价标准的相应等级；

        **3）** 适宜的总体目标和分项目标、可实施的技术路线及相应的指标要求。

    **3** 绿色建筑能源与资源高效利用的技术策略分析。

    **4** 绿色建筑技术措施的经济、技术可行性分析。

## 4.2 建筑专业策划

**4.2.1** 前期调研应对场地条件、区域资源等进行调研。

    **1** 场地条件调研应包括：对项目所在地的地理位置、周边物理和生态环境、道路交通、人流、公共服务设施、绿地构成和市政基础设施等规划条件进行分析。

    **2** 区域资源调研应包括：对场地可再生能源可利用、水资源、材料资源情况及建筑自身节能需求进行分析，以确认符合区域条件及建筑特点的能源利用节约方案。

**4.2.2** 建筑专业策划方案应包括下列内容：

    **1** 结合项目自身特点及资源条件，对选用的绿色建筑技术进行对策分析。

    **2** 远离污染源、保护生态环境的措施。

    **3** 场地总平面的竖向设计及透水地面和控制场地雨水外排总量的规划。

    **4** 改善室外声、光、热、风环境质量的措施及指标。

    **5** 地下空间的合理利用。

    **6** 公共交通及场地内机动车、非机动车停车规划。

    **7** 装配式建筑的集成设计。

    **8** 围护结构的保温隔热措施及指标。

    **9** 可再生能源的利用。

    **10** 绿色建材的利用。

    **11** 自然采光和自然通风的措施。

    **12** 建筑遮阳的技术分析和形式。

    **13** 保证室内环境质量的措施及指标。

## 4.3 结构专业策划

**4.3.1** 结构设计方案应根据建筑物特点进行对比与分析，选择环境影响小、资源消耗低、材料利用率高的结构体系，充分考虑安全耐久、节省材料、施工便捷、环境保护、技术先进等因素。

**4.3.2** 结构专业策划应包括下列内容：

    **1** 设计使用年限。

    **2** 地基基础设计方案。

    **3** 结构选型及相适应的材料。

    **4** 装配式建筑各单体预制率或装配率。

    **5** 高强度结构材料的应用。

    **6** 高耐久性建筑结构材料的应用。

## 4.4 给排水专业策划

**4.4.1** 前期调研应对区域水资源状况进行调查,遵循低质低用、高质高用的用水原则,对区域用水水量和水质进行估算与评价,合理规划和利用水资源。应采用合理的水处理技术与设施,提高非传统水资源循环利用率。

**4.4.2** 给排水专业策划方案应包括下列内容:

**1** 合理规划场地雨水径流,利用场地空间设置绿色雨水基础设施,通过雨水入渗、调蓄和回用等措施,实现开发后场地雨水的年径流总量和年径流污染控制。

**2** 对建筑与小区进行海绵城市设计规划。

**3** 制定雨水、河道水、再生水等非传统水的综合利用方案。

**4** 合理规划给排水系统设计,给排水管线宜与建筑结构分离。

**5** 住宅套内卫生间应采用同层排水。

**6** 当生活热水供应采用太阳能、地热等可再生能源或余热、废热时,应与建筑、暖通等相关专业配合制定综合利用方案,合理配置辅助加热系统。太阳能、地热等可再生能源的利用不得对周边环境造成不利影响。

**4.4.3** 应配合相关专业合理规划人工景观水体规模,根据景观水体的性质确定补水水质,并符合现行国家标准《民用建筑节水设计标准》GB 50555 和《建筑给水排水设计标准》GB 50015 的相关规定。

## 4.5 暖通空调专业策划

**4.5.1** 前期调研应包括下列内容:

**1** 项目所在地的常规能源供应情况,可供利用的余热(或废热)等资源条件。

　　**2**　可供利用的可再生能源条件,包括项目基地与周边的可利用地表水资源、地埋管场地资源和其他可利用资源。

**4.5.2**　暖通空调专业策划方案应包括下列内容:

　　**1**　对空调冷热源、输配系统和末端系统的形式及主要参数,设备与材料选用的安全耐久性,健康舒适的室内环境质量,便利生活的计量与控制,适用的资源节约及节能技术,宜居的室外物理环境及污染源控制等,提出技术方案和可供实施的设计策略。

　　**2**　对是否适合采用能量回收系统、蓄能空调系统、分布式供能系统以及利用可再生能源等做可行性研究和技术与经济分析。

## 4.6　电气专业策划

**4.6.1**　前期调研应对项目实施太阳能光伏发电、风力发电等可再生能源的可行性进行调查分析。

**4.6.2**　电气专业策划方案应包括下列内容:

　　**1**　确定合理的居住区供配电系统并合理选择配变电所的设置位置及数量,优先选择符合功能要求的节能环保型电气设备及节能控制措施,合理应用电气节能技术。

　　**2**　对场地内的可再生能源进行评估,当技术、经济合理时,宜采用太阳能光伏发电作为补充电力能源。

　　**3**　居住区内利用太阳能提供路灯照明、庭院灯照明技术措施时,应进行技术、经济的可行性研究与分析。

　　**4**　停车场(库)应具有电动车充电设施或具备充电设施的安装条件。

# 5 场地规划与室外环境

## 5.1 一般规定

**5.1.1** 居住用地总体规划的建筑容量控制指标和建筑间距、建筑物退让、建筑高度和景观控制、建筑基地的绿地和停车等主要技术经济指标,应符合上海市城市规划管理的相关规定、项目所在地区的控制性详细规划或修建性详细规划和建设项目选址意见的要求。

**5.1.2** 建筑场地应根据项目环境影响评价报告提出的结论与建议,通过优化场地规划与设计进行生态补偿和生态修复,并采取措施以确保场地安全。

**5.1.3** 厨房油烟应设置专用排烟道排放;车库废气应按规定高度排放;排烟、排气风口应避开住宅的主要朝向。

**5.1.4** 住宅建筑规划布局应满足日照标准,并应符合上海市城市规划管理的相关规定。

## 5.2 规划与建筑布局

**5.2.1** 应控制居住街坊人均住宅用地指标,各类住宅用地指标应符合表 5.2.1 的要求。

表 5.2.1 人均住宅用地指标

| 人均住宅用地指标 $A(\text{m}^2)$ | | | | |
|---|---|---|---|---|
| 3 层及以下 | 平均 4～6 层 | 平均 7～9 层 | 平均 10～18 层 | 平均 19 层及以上 |
| $33 < A \leqslant 36$ | $24 < A \leqslant 27$ | $19 < A \leqslant 20$ | $15 < A \leqslant 16$ | $11 < A \leqslant 12$ |

**5.2.2** 应合理布置绿化用地,其中集中绿地面积不应少于用地面积的 10%,计入绿地率的地下室顶板上的绿化覆土厚度不应小于 1.5 m;绿地指标应按下列指标控制:

**1** 新建居住区绿地率不低于 30%,人均集中绿地不应小于 0.5 m²/人。

**2** 按照规划成片改建、扩建居住区绿地率不低于 25%;人均集中绿地不应小于 0.35 m²/人。

**5.2.3** 应合理开发和利用地下空间,地下建筑面积与地上建筑面积的比率不应小于 10%。

**5.2.4** 居住区内配套公共服务设施的建设标准应符合该地区经批准的详细规划的规定;配套公共服务设施相关项目宜集中设置,宜与周边地区实现资源共享。

**5.2.5** 场地内市政公用设施的布置应避免对场地环境质量的影响。住宅建筑与餐饮类商业建筑、变电站、调压站、垃圾站、地面停车场、地下车库出入口的间距应符合本市相关标准的规定。

**5.2.6** 新建居住区应按规定设置生活垃圾容器间或垃圾压缩式收集站,并应符合环卫车辆装载及运输垃圾的要求。

## 5.3 交通组织

**5.3.1** 居住区人行出入口宜靠近公共交通站点布置。

**5.3.2** 停车场(库)布置应符合下列要求:

**1** 停车位指标应符合现行上海市工程建设规范《建筑工程交通设计及停车库(场)设置标准》DGJ 08—7 的配置规定。

**2** 设置地下停车库,可采用机械式停车装置。

**3** 机动车停车场所应按相关规定设置无障碍停车位。

**4** 机动车、非机动车停车场所应按相关规定设置充电设施。

**5** 非机动车停车位置应方便使用和设置安全防盗监控设施,并有独立的出入口,避免与机动车出入口交叉。

**6** 室外非机动车停车场宜设遮阳防雨棚。

## 5.4 室外环境

**5.4.1** 住宅建筑二层以上不应采用玻璃幕墙;采用玻璃幕墙时,幕墙玻璃的可见光反射比不应大于 0.15。

**5.4.2** 居住区室外夜景照明应符合现行行业标准《城市夜景照明设计规范》JGJ/T 163 有关光污染的限制规定,并应符合下列要求:

    **1** 夜景照明设施在住宅建筑窗户外表面产生的垂直面照度不应大于规定值。

    **2** 夜景照明灯具朝居室方向的发光强度不应大于规定值。

    **3** 居住区的夜景照明灯具的眩光值应满足规定。

**5.4.3** 住宅建筑布置应远离噪声源,应采取隔离或降噪措施以减少环境噪声对住宅建筑的影响。

**5.4.4** 建筑布局应有利于自然通风,并应避免因布局不当而引起的风速过高影响人行和室外活动,宜通过对室外风环境的模拟分析调整优化总体布局。

**5.4.5** 户外活动场地设计可采取下列措施以降低热岛强度:

    **1** 种植高大乔木、设置绿化棚架,遮阴覆盖率不应小于现行行业标准《城市居住区热环境设计标准》JGJ 286 的相关规定。

    **2** 合理设置景观水池。

    **3** 硬质铺装地面中透水铺装的面积比例不应低于 50%。

## 5.5 绿化、场地与景观设计

**5.5.1** 场地绿化与景观环境设计应满足下列要求:

    **1** 充分利用住宅区内停车棚、地下车库出入口、地下设施通风口、围墙进行立体绿化设计。

    **2** 住宅建筑南面绿地宽度不小于 8 m,北面绿地宽度不小于 3 m,东、西面绿地宽度不小于 2 m。

**3** 每块集中绿地的面积不小于 400 $m^2$,且至少有 1/3 的绿地面积在规定的建筑间距范围之外。

**4** 可供居民进入活动休息的绿地面积应大于等于总绿地面积的 30%。

**5** 绿地中的园路地坪面积不应大于总绿地面积的 15%,硬质景观小品面积不应大于总绿地面积的 5%,绿化种植面积不应小于总绿地面积的 70%。

**6** 建筑外墙宜采用垂直绿化,垂直绿化面积不应少于建筑外墙面积的 10%。

**7** 建筑屋顶宜采用种植屋面,可采用草坪式、组合式和花园式等屋顶绿化形式,屋顶绿化面积不应少于可绿化屋顶面积的 30%。

**8** 草坪式屋顶绿化覆土厚度不应小于 100 mm,组合式屋顶绿化平均覆土厚度不应小于 300 mm,花园式屋顶绿化平均覆土厚度不应小于 600 mm。

**5.5.2** 绿化种植应符合下列要求:

**1** 选择上海地区的适生植物、花卉和草种。

**2** 选择少维护、耐候性强、病虫害少、对人体无害的植物。

**3** 以乔木为绿化骨架,乔木种植不少于 3 株/100 $m^2$,乔木、灌木、地被、花卉、草坪有机结合。

**4** 乔木种植不应影响住宅的日照、通风和采光,大乔木与有窗建筑的距离:东面≥5 m,西面≥3 m,南面≥8 m,北面≥5 m。

**5** 下凹式绿地、雨水花园应选用喜湿、短期耐涝、长期耐旱、抗寒及抗污力强的植物品种。

**5.5.3** 室外活动场地、地面停车场和其他硬质铺地的设计应符合下列要求:

**1** 室外活动场地的铺装选用透水性铺装材料。

**2** 透水铺装面积不应少于硬质铺地面积的 50%。

**3** 植草砖的镂空率不应小于 40%。

**4** 透水铺装地面构造应采用渗水基础垫层。

**5** 透水铺装的地下室顶板覆土厚度不应小于 600 mm，且应坡向自然土壤。

**6** 透水铺装的地下室顶板采用反梁结构时，应设置反梁间贯通盲沟的预留孔洞，截面积不应小于 0.1 m²，并应有防堵塞措施。

**5.5.4** 居住区内人行道路、绿地等应进行无障碍设计，应符合现行国家标准《无障碍设计规范》GB 50763 的相关规定。

**5.5.5** 基地内道路、广场地面设计标高宜高于周边绿地标高，绿地内设置的雨水口不应排向道路和广场。

**5.5.6** 下凹式绿地宜设置在集中绿地中。设置下凹式绿地时，其设计应符合下列规定：

**1** 下凹式绿地率不应低于 10%。

**2** 下凹式绿地边缘距离建筑物基础的水平距离不宜小于 3.0 m；当小于 3.0 m 时，应在其边缘设置厚度不小于 1.2 mm 的防水膜。

**3** 下凹式绿地的标高应低于周边铺装地面或道路 100 mm～200 mm。

**4** 下凹式绿地内应设置溢流雨水口，保证暴雨时径流的溢流排放，溢流雨水口顶部标高宜高出绿地 50 mm～100 mm。

**5** 当径流污染严重时，下凹式绿地的雨水进水口应设置拦污设施。

**5.5.7** 下凹式绿地不宜设置在地下室顶板之上；当设置在顶板之上时，绿地覆土厚度不应小于 1.5 m，且应采取相应的导水构造措施。

**5.5.8** 雨水花园应设置在集中绿地内，雨水花园周边应采取安全防护措施。

**5.5.9** 雨水花园设计应符合下列规定：

**1** 雨水花园构造应在素土夯实之上设置排水层、填料层、过渡层、种植层、覆盖层、蓄水层。

**2** 应选择设置在地势平坦、土壤排水性良好的场地,不得设置在供水系统或水井周边。

**3** 雨水花园应设置溢流设施,溢流设施顶部宜低于汇水面 50 mm～100 mm。

**4** 雨水花园底部与地下水季节性高水位的距离不应小于 1.0 m;当不能满足要求时,应在底部敷设防渗材料。

**5** 雨水花园应分散布置,面积宜为 30 m² ～40 m²,蓄水层宜为 200 mm,边坡坡度宜为 1/4。

**5.5.10** 应结合场地雨水外排总量控制,合理选用场地及道路面层材料。

**5.5.11** 室外休息、活动场地应布置吸烟区,吸烟区应满足以下要求:

**1** 位于建筑主要出入口的下风向,与建筑出入口、新风进风口、设有开启扇的外窗以及儿童、老人专用活动场地的距离不小于 8.0 m。

**2** 与绿植结合布置,并设置座椅和收集烟头的垃圾筒。

**3** 设置导向标志和吸烟有害的警示标识。

# 6 建筑设计与室内环境

## 6.1 一般规定

**6.1.1** 建筑设计应按照被动措施优先的原则,优化建筑形体、空间布局、自然采光、自然通风、围护结构保温与隔热等,降低建筑供暖、空调和照明系统的能耗。

**6.1.2** 应充分考虑住宅使用人数和使用方式及未来变化,选择适宜的开间和层高,并符合下列要求:

**1** 住宅套型室内分隔宜具有提高空间使用功能的可变性和改造的可能性。

**2** 住宅建筑的层高不宜超过 3 m;使用集中空调、新风或地面辐射供暖系统的住宅建筑层高不宜超过 3.6 m。

**6.1.3** 建筑主要朝向宜为南向或南偏东 30°至南偏西 30°范围内,当建筑处于不利朝向时,应采取有效遮阳措施。

**6.1.4** 建筑造型应简约,并符合下列要求:

**1** 装饰构件应结合使用功能一体化设计。

**2** 宜对具有太阳能利用、遮阳等功能的建筑室外构件进行建筑物一体化设计。

**3** 空调室外机位应与建筑物一体化设计,应满足空调室外机安装和维修的安全要求。

**6.1.5** 全装修住宅建筑应做到土建与装修一体化设计,装修设计应避免破坏和拆除已有的建筑构件及设施。

**6.1.6** 装配式建筑设计应遵循模数协调统一的设计原则进行标准化设计。设置电梯的住宅单元应设置可容纳担架的无障碍电梯。

## 6.2 室内环境

**6.2.1** 起居室、卧室等主要居室房间宜布置在有良好日照、自然采光和自然通风的位置,宜满足以下要求:

**1** 卧室、起居室的窗地面积比不小于 1/6。

**2** 外窗通风开口面积不小于房间地板面积的 8%。

**6.2.2** 起居室、卧室宜具有良好的视野,其外窗与相邻建筑外窗的直接间距不宜小于 18 m。

**6.2.3** 地下空间宜引入自然采光和自然通风。

**6.2.4** 电梯井道不应紧邻卧室布置。电梯井道紧邻其他居住空间时,应采取下列措施:

**1** 相邻隔墙应进行隔声处理。

**2** 电梯设备应采取减振隔震措施。

**6.2.5** 主要功能房间的外墙、隔墙、楼板和门窗隔声性能应符合现行国家标准《民用建筑隔声设计规范》GB 50118 以及现行上海市工程建设规范《住宅设计标准》DGJ 08—20 的相关规定。

**6.2.6** 住宅卫生间应采取降低排水噪声的有效措施,并符合现行上海市工程建设规范《住宅设计标准》DGJ 08—20 的相关规定,卫生间的楼板、楼面应做双层防水设防。

## 6.3 围护结构

**6.3.1** 建筑物的体形系数、窗墙面积比、围护结构热工性能、屋顶透明部分面积等,应满足现行上海市工程建设规范《居住建筑节能设计标准》DGJ 08—205 的规定。

**6.3.2** 外墙热工性能应满足现行上海市工程建设规范《居住建筑节能设计标准》DGJ 08—205 的规定限值。

**6.3.3** 屋面热工性能应满足现行上海市工程建设规范《居住建筑

节能设计标准》DGJ 08—205 的规定限值。

**6.3.4** 分户楼板的热工性能应满足现行上海市工程建设规范《居住建筑节能设计标准》DGJ 08—205 的规定限值。

**6.3.5** 主要居室开间窗墙比不宜大于 0.5,外窗的保温隔热设计应满足下列要求:

    **1** 金属外窗应采用多腔隔热金属型材。

    **2** 塑料外窗应采用多腔塑料型材。

    **3** 外窗的遮阳系数、传热系数应符合现行上海市工程建设规范《居住建筑节能设计标准》DGJ 08—205 的相关规定。

    **4** 外窗的气密性、水密性和抗风压的物理性能应与建筑定位品质相匹配。

**6.3.6** 起居室、卧室外窗应设开启扇,可开启面积不应小于窗面积的 30%。

**6.3.7** 宜采用可调节外遮阳,可调节外遮阳可采取下列措施之一:

    **1** 卷帘活动外遮阳。

    **2** 活动横(竖)百叶外遮阳。

    **3** 活动挑棚外遮阳。

    **4** 中空玻璃内置活动百叶遮阳。

    **5** 中空玻璃内置活动卷帘遮阳。

**6.3.8** 应合理布置空调室外机位,设置遮挡装饰百叶时,不应导致排风不畅或进排风短路,装饰百叶处的有效流通面积系数不应小于 0.85。

## 6.4 建筑及装修用料

**6.4.1** 建筑设计不应使用国家和本市禁止和限制使用的建筑材料。

**6.4.2** 室内装修采用的木地板及其他木质材料不应采用沥青、焦油类防腐防潮处理剂。

**6.4.3** 室内装修材料应符合下列要求：

**1** 采用的天然花岗石、瓷质砖等宜为 A 类。

**2** 采用的人造木板及饰面人造木板不宜低于 $E_1$ 级标准。

**3** 不应采用聚乙烯醇缩甲醛类胶粘剂。

**4** 粘贴塑料地板时,不应采用溶剂型胶粘剂。

**5** 室内防水设防不得使用溶剂型防水涂料。

**6.4.4** 建筑设计宜采用下列工业化建筑体系或工业化部品：

**1** 预制混凝土构件。

**2** 储藏、分隔一体化的多功能复合装配式隔墙。

**3** 成品栏杆、栏板、雨棚、楼梯、空调板、门窗等建筑部品。

**4** 整体化定型设计的厨房和卫生间。

**6.4.5** 建筑内外装修应采用预拌混凝土和预拌砂浆。

**6.4.6** 建筑设计应首选具有绿色建材标识的材料,宜采用可再利用材料和可再循环材料。

**6.4.7** 建筑室内外装修用料、防水材料应结合建筑性质及使用要求,选用耐久性好的材料,宜明确材料的耐久使用年限要求。

## 6.5 建筑安全及防护

**6.5.1** 建筑围护结构的保温材料及保温系统选用应满足安全、耐久的使用要求,保温层应与建筑屋面、外墙和楼板等基层牢固连接,外墙外保温应有防开裂脱落措施。

**6.5.2** 应合理选用建筑门窗部品,宜选用干法施工安装的成品建筑外窗,应采取防外窗脱落的技术措施,门窗玻璃应选用安全玻璃。

**6.5.3** 建筑各对外出入口上方均应设置防坠物的挑棚或雨棚。

**6.5.4** 建筑出入口、平台、坡道、门厅、电梯厅、公共走道、楼梯踏步及厨房、卫生间的楼地面均应采用防滑面层。

# 7 结构设计

## 7.1 一般规定

**7.1.1** 结构设计应在安全适用、经济合理、施工便捷的基础上,优先选用资源消耗少、环境影响小以及便于材料循环再利用的建筑结构体系。

**7.1.2** 建筑结构应满足承载力和建筑使用功能要求。建筑非结构构件、设备及附属设施等应连接牢固并能适应主体结构变形。

**7.1.3** 建筑结构形体及其构件布置应满足抗震概念设计的要求,不应采用严重不规则的建筑。对于特别不规则的建筑,应进行专门的研究和论证,采取特别的加强措施。

**7.1.4** 应优先选用本地建筑材料。

## 7.2 地基基础设计

**7.2.1** 地基基础设计应结合建筑所在地实际情况,依据勘察报告、结构特点及使用要求,综合考虑施工条件、场地环境和工程造价等因素,进行技术经济比较、基础方案比选,就地取材。

**7.2.2** 桩基宜优先采用预制桩。当采用钻孔灌注桩时,宜采用后注浆技术以提高承载力。

**7.2.3** 宜通过先期试桩确定单桩承载力。

**7.2.4** 对于受压为主的基础,当建筑设置地下室时,宜计算地下水的有利作用。

## 7.3 主体结构设计

**7.3.1** 结构设计宜合理提高建筑的抗震性能。对特别不规则的建筑,宜采用基于性能的抗震设计。

**7.3.2** 耐久性设计应符合下列要求:

    **1** 混凝土结构:应符合现行国家标准《混凝土结构耐久性设计规范》GB/T 50476 的规定。

    **2** 钢结构:当采用耐候钢时,宜符合现行国家标准《耐候结构钢》GB/T 4171 的规定;当采用镀锌钢件时,宜符合现行国家标准《金属覆盖层 钢铁制件热浸镀锌层技术要求及试验方法》GB/T 13912 的规定;当采用防腐涂层时,宜符合现行行业标准《建筑钢结构防腐蚀技术规程》JGJ/T 251 的规定。并在设计文件中明确其检修要求。

    **3** 木结构:应采取可靠措施,防止木构件腐蚀或被虫蛀,确保达到设计使用年限。木构件的防护设计应满足现行国家标准《木结构设计标准》GB 5005 的规定。

**7.3.3** 在保证安全性与耐久性的前提下,宜进行结构抗震性能、体系、材料和构件优化设计。

**7.3.4** 采用高强建筑结构材料时,宜符合下列要求:

    **1** 钢筋混凝土结构或混合结构中采用 400 MPa 级及以上强度等级的受力钢筋占受力钢筋总量的比例不应低于 85%。

    **2** 80 m 以上高层建筑,竖向承重结构采用强度等级不低于 C50 的混凝土占竖向承重结构混凝土总量的比例不宜低于 50%。

    **3** 钢结构或混合结构中钢结构部分 Q355 及以上高强钢材用量占钢材总量的比例不宜低于 50%。

**7.3.5** 钢结构中螺栓连接等非现场焊接节点占现场全部连接、拼接节点的数量比例不宜小于 50%。

**7.3.6** 应优先采用可再循环材料和可再利用材料。

## 7.4　装配式建筑

**7.4.1** 结构设计宜采用资源消耗少、环境影响小及适合工业化建造的装配式建筑结构体系。

**7.4.2** 实施装配式建筑的项目,建筑单体预制率或装配率不应低于本市的相关规定。

# 8 给水排水设计

## 8.1 一般规定

**8.1.1** 水资源利用应有策划方案,其策划内容应符合本标准第 4.4.1~4.4.3 条的规定。

**8.1.2** 给水排水系统设计应安全、卫生、合理、完善。

**8.1.3** 卫生器具和配件应符合现行国家有关标准的节水型生活用水器具的规定。

**8.1.4** 生活饮用水、直饮水、非传统水等应设预留水质检测取样点,宜设水质在线监测系统。

## 8.2 给水系统

**8.2.1** 住宅最高日给水定额不宜大于 230 L/(人·d),平均日给水定额宜采用 150 L/(人·d)。

**8.2.2** 给水系统应选用优质管材、管配件及附件,采用可靠的连接方式,避免管网漏损,并应根据水平衡测试的要求安装分级计量水表,宜选用自动远传计量水表。

**8.2.3** 住宅入户管供水压力不应大于 0.35 MPa;生活给水系统各用水点处供水压力不应大于 0.20 MPa,且不应小于用水器具的最低工作压力。

**8.2.4** 给水泵的流量及扬程应通过计算确定,并应保证设计工况下水泵效率处在高效区。给水泵的效率不应低于现行国家标准《清水离心泵能效限定值及节能评价值》GB 19762 规定的泵节能评价值。

**8.2.5** 生活饮用水储水设施应采用成品产品,并应设消毒装置。

**8.2.6** 浇洒绿化年用水定额可采用 0.12 $m^3/(m^2 \cdot a)$～0.28 $m^3/(m^2 \cdot a)$,最高日绿化浇灌用水定额可采用 1.0 $L/(m^2 \cdot d)$～2.0 $L/(m^2 \cdot d)$。

**8.2.7** 绿化浇洒应采用喷灌、微灌等高效节水灌溉方式,宜设置土壤湿度感应器、雨天关闭装置等节水控制措施,并应合理划分灌溉给水分区和确定浇灌设备。

## 8.3 生活热水

**8.3.1** 生活热水供应水质应符合国家和本市现行有关标准的规定。

**8.3.2** 住宅建筑生活热水宜采用太阳能等可再生能源,并应符合相关管理规定。

**8.3.3** 太阳能热水系统设计应符合上海市工程建设规范《太阳能热水系统应用技术规程》DG/TJ 08—2004A 的规定,住宅平均日热水定额宜采用 40 $L/(人 \cdot d)$。冷水的初始温度应采用 15 ℃。

**8.3.4** 当有集中热水供应时,应在套内热水表前设置循环回水管,热水表后不循环的热水给水支管长度不宜超过 8 m。

## 8.4 非传统水处理利用及雨水控制

**8.4.1** 非传统水利用措施宜包括室外绿化灌溉、道路浇洒和洗车用水等。

**8.4.2** 非传统水利用工程应根据可利用的原水水质、水量和用途,进行技术经济分析和水量平衡,合理确定非传统水水源、系统形式、处理工艺和规模。

**8.4.3** 中水管道应采取下列防止误接、误用、误饮的措施：

**1** 中水管网中所有组件和附属设施的显著位置应配置"中水"耐久性标识，中水管道应涂浅绿色，埋地、暗敷中水管道应设置连续耐久性标志带。

**2** 中水管道取水接口处应配置"中水禁止饮用"的耐久性标识。

**3** 公共场所及绿化、道路喷洒等杂用的中水用水口应设带锁装置。

**4** 中水管道设计时，应进行检查防止错接；工程验收时应逐段进行检查，防止误接。

**8.4.4** 室外景观水体补水应与雨水及河道水利用设施相结合，且宜采用生态设施水处理技术。

**8.4.5** 场地雨水外排应采用总量控制措施，年径流总量控制率不应低于 60%。

**8.4.6** 径流峰值控制应符合现行国家标准《建筑与小区雨水控制及利用工程技术规范》GB 50400 的规定。

## 8.5  节水器具与计量

**8.5.1** 住户内的水嘴、淋浴器、便器及冲洗阀等应符合现行行业标准《节水型生活用水器具》CJ 164 的规定，水嘴、坐便器、淋浴器的水效等级不应低于国家现行有关卫生器具水效等级标准规定的 2 级标准。排水横管坡度不应小于现行国家标准《建筑给水排水设计标准》GB 50015 规定的排水横管通用坡度。

**8.5.2** 全装修住宅节水器具使用率应达到 100%。

**8.5.3** 卫生器具采用同层排水时，应符合下列要求：

**1** 地漏的构造和性能应符合现行行业标准《地漏》CJ/T 186 的要求，水封深度不应小于 50 mm，且应设在地面的最低处。

**2** 器具排水横支管布置和设置标高不得造成排水滞留、地漏冒溢。

    **3**  埋设于填层中的管道不应采用橡胶圈密封接口。

**8.5.4**  每个居住单元及不同用途的给水管上应设置水表,应选用高灵敏度计量水表,计量水表安装率达 100%。

**8.5.5**  景观水体补水、绿化浇洒、非传统水用水等应分别设置水表。

# 9 供暖、通风和空调设计

## 9.1 一般规定

**9.1.1** 施工图设计阶段，必须对每一房间或空调区域进行冬季热负荷和夏季逐时冷负荷计算。

**9.1.2** 供暖和空调系统主要用能设备的选型应经计算确定。

**9.1.3** 房间设计温度、相对湿度和采用集中空调系统的新风量应符合现行国家标准《民用建筑供暖通风与空气调节设计规范》GB 50736 的规定。

**9.1.4** 供暖、通风与空调系统应选择低噪声、低振动的设备，并根据噪声、振动允许标准等采取相应的消声、隔声、减振措施。

## 9.2 冷热源

**9.2.1** 空调、供暖的冷热源应结合绿色设计方案策划，根据能源条件、价格、环保政策等相关规定，在技术经济比较合理情况下，遵循以下原则：

    **1** 优先利用电厂或其他工业余热、废热。

    **2** 合理利用可再生能源。

    **3** 合理采用蓄能空调方式。

**9.2.2** 空调、供暖系统的热源和空气加湿使用的热源不应采用电直接加热方式。

**9.2.3** 房间空调器、单元式空调机、多联式空调热泵机组及电机驱动压缩机的冷水（热泵）机组的制冷性能系数应符合现行上海市工程建设规范《居住建筑节能设计标准》DGJ 08—205 的规定。

**9.2.4** 采用燃气热源设备时,其热效率应满足现行上海市工程建设规范《居住建筑节能设计标准》DGJ 08—205 的相关要求。

**9.2.5** 空气源热泵机组室外机的设置应符合下列规定:

**1** 通风良好、吸入与排出空气不发生明显短路,安全可靠,并应保证检修空间。

**2** 远离高温或含腐蚀性、油雾等排放气体。

**3** 机组运行的噪声和排出气流应符合周围环境要求。

**9.2.6** 住宅建筑不宜设置集中供暖与空调系统。当设置时,供暖、空调系统的分区和系统型式应根据房间功能、朝向、建筑空间形式、使用时间、控制和调节要求等合理确定。

**9.2.7** 设置集中空调冷热源时,应合理选配冷、热源机组容量与台数,并制定根据负荷变化调节制冷(热)量的控制策略。

## 9.3 输配系统

**9.3.1** 分体式空调机组的室外机应设置在离室内机较近的位置;室内、外机的高差与配管长度应在机组技术条件允许的范围内。多联式空调(热泵)系统的制冷剂管道长度应满足对应制冷工况下满负荷性能系数不低于 2.8。

**9.3.2** 集中空调系统的供回水系统设计应满足下列要求:

**1** 除温湿度独立调节的显热处理系统外,电制冷空调冷水系统的供回水温差不应小于 5 ℃。

**2** 除利用低温废热或热泵系统外,空调热水系统的供回水温差不宜小于 10 ℃。

**3** 设计工况下并联环路之间压力损失的相对差值大于 15% 时,应采取水力平衡措施。

**4** 当系统较大时,宜采用变频泵,实现变水量运行。

**9.3.3** 集中通风及空调风系统的单位风量耗功率和冷热水循环系统的耗电输热比,应符合现行上海市工程建设规范《公共建筑节能设计标准》DGJ 08—107 的规定。

**9.3.4** 水泵、风机等设备应选用满足现行国家节能评价值要求的产品。

## 9.4 末端设备

**9.4.1** 起居室、卧室等主要功能房间供暖、通风与空调工况下的气流组织应满足热环境参数设计要求。

**9.4.2** 室内应形成合理的气流流向,应避免卫生间、厨房等区域的空气和污染物串通到其他室内空间。

**9.4.3** 排风能量回收系统应合理设计。

**9.4.4** 户内居室房间应采取安全、有效的空气处理措施。

**9.4.5** 无外窗浴室、卫生间应设机械通风换气设施。

**9.4.6** 新风取风口应远离排风口,新风系统应设置有效的空气处理装置。

## 9.5 计量与控制

**9.5.1** 供暖、空调系统各房间应设有室温调控装置,散热器及辐射供暖系统应安装自动温度控制阀。

**9.5.2** 采用机械通风的地下车库宜设置与排风设备联动的一氧化碳浓度监测装置,并与通风系统联动。

**9.5.3** 当供暖、空调冷热源集中设置时,用能计量与机房控制应符合下列要求:

   **1** 在每栋住宅建筑的冷源和热源入口处应设置冷量和热量计量装置。

   **2** 各空调使用用户应设置分户热(冷)量计量表。

**3** 冷热源机房的监控、用能计量和用电分项计量应符合现行上海市工程建设规范《公共建筑节能设计标准》DGJ 08—107 的规定，并制定根据负荷变化需求的优化控制策略。

# 10 电气设计

## 10.1 一般规定

**10.1.1** 电气设备应采用安全可靠、节能环保的电气产品,严禁使用已被国家淘汰的产品。

**10.1.2** 充电设施的配电设计应符合国家和本市现行有关标准的要求。

**10.1.3** 住宅建筑照明功率密度值不应大于现行国家标准《建筑照明设计标准》GB 50034 中规定的现行值,全装修住宅宜采用目标值。当房间或场所的照度标准值提高或降低一级时,其照明功率密度限值应按比例提高或折减。

**10.1.4** 住宅建筑的照明标准值应符合现行国家标准《建筑照明设计标准》GB 50034 的规定。

**10.1.5** 除地下室公共走道、设备机房、电梯厅、避难层和有人值守的门厅外,其他公共空间的一般照明应设置自控装置。利用自然光区域的人工照明设备应能区别于其他区域实现独立控制。

**10.1.6** LED 灯具必须具有安全性,且其光输出波形的波动深度、色温、显色性、色容差等技术指标应符合现行国家标准《建筑照明设计标准》GB 50034、《灯和灯系统的光生物安全性》GB/T 20145、《LED 室内照明应用技术要求》GB/T 31831 等国家和地方标准的要求。

**10.1.7** 垂直电梯应采用高效电机,并采取变频调速或能量反馈等节能措施,同一部位的 2 台及以上垂直电梯应采取群控节能措施。

## 10.2 供配电系统

**10.2.1** 住宅建筑应由公共电网供电。当技术经济合理时,可采用可再生能源作为补充。

**10.2.2** 当采用可再生能源时,应避免造成环境、景观及安全的影响。

**10.2.3** 当可再生能源发电系统与公共电网联网时,保护措施应满足电网接入要求。

**10.2.4** 应选用不低于现行国家能效等级 2 级标准的三相配电变压器和照明产品。

**10.2.5** 住宅的垂直和水平配电线路应采用铜芯线缆。除全程穿金属管敷设外,住宅中的电缆应具备低烟、低毒、阻燃特性。消防设备配电干线应采用耐火电缆。

## 10.3 计量与控制

**10.3.1** 住宅建筑住户及公共部位用电负荷均应分别设置用电计量装置。

**10.3.2** 住宅建筑的公共机电设施应设置自动控制装置。

**10.3.3** 公共部位机电设备应集中控制,全装修住宅户内采用集中式空调系统应设置自动控制装置,且可具有空气质量监测功能。

**10.3.4** 居住区周界防范系统宜与周界照明设备联动。

**10.3.5** 住宅建筑的智能化设计应符合现行国家标准《智能建筑设计标准》GB 50314 和现行行业标准《居住区智能化系统配置与技术要求》CJ/T 174 的要求。智能化系统应能通过远程监控的方法实现控制的目的,具备接入智慧城市的能力。

## 10.4 照明系统

**10.4.1** 住宅小区的人行道和车行道的照明设计应符合现行行业标准《城市道路照明设计标准》CJJ 45 的规定。

**10.4.2** 走廊、楼梯等公共部位的光源宜选用 LED 灯具。

**10.4.3** 室外夜景照明的设计应符合现行行业标准《城市夜景照明设计规范》JGJ/T 163 的规定。

# 本标准用词说明

1 为便于在执行本标准条文时区别对待,对要求严格程度不同的用词说明如下:

    1) 表示很严格,非这样做不可的用词:

        正面词采用"必须";

        反面词采用"严禁"。

    2) 表示严格,在正常情况下均应这样做的用词:

        正面词采用"应";

        反面词采用"不应"或"不得"。

    3) 表示允许稍有选择,在条件许可时首先应这样做的用词:

        正面词采用"宜";

        反面词采用"不宜"。

    4) 表示有选择,在一定条件下可以这样做的用词,采用"可"。

2 标准中指明应按其他有关标准执行时,写法为:"应符合……的规定(或要求)"或"应按……执行"。

# 引用标准名录

1 《民用建筑节水设计标准》GB 50555
2 《建筑给水排水设计标准》GB 50015
3 《无障碍设计规范》GB 50763
4 《民用建筑隔声设计规范》GB 50118
5 《混凝土结构耐久性设计规范》GB/T 50476
6 《耐候结构钢》GB/T 4171
7 《金属覆盖层 钢铁制件热浸镀锌层技术要求及试验方法》
   GB/T 13912
8 《木结构设计标准》GB 5005
9 《清水离心泵能效限定值及节能评价值》GB 19762
10 《建筑与小区雨水控制及利用工程技术规范》GB 50400
11 《民用建筑供暖通风与空气调节设计规范》GB 50736
12 《建筑照明设计标准》GB 50034
13 《灯和灯系统的光生物安全性》GB/T 20145
14 《LED室内照明应用技术要求》GB/T 31831
15 《智能建筑设计标准》GB 50314
16 《通风机能效限定值及能效等级》GB 19761
17 《电力变压器能效限定值及能效等级》GB 20052
18 《城市夜景照明设计规范》JGJ/T 163
19 《城市居住区热环境设计标准》JGJ 286
20 《建筑钢结构防腐蚀技术规程》JGJ/T 251
21 《节水型生活用水器具》CJ 164
22 《地漏》CJ/T 186
23 《居住区智能化系统配置与技术要求》CJ/T 174

24 《城市道路照明设计标准》CJJ 45

25 《公共建筑节能设计标准》DGJ 08—107

26 《建筑工程交通设计及停车库（场）设置标准》DGJ 08—7

27 《住宅设计标准》DGJ 08—20

28 《居住建筑节能设计标准》DGJ 08—205

29 《太阳能热水系统应用技术规程》DG/TJ 08—2004A

上海市工程建设规范

住宅建筑绿色设计标准

DGJ 08—2139—2021
J 12621—2020

条 文 说 明

2021　上海

# 目　次

3　基本规定 ························· 41

4　绿色设计策划 ······················ 42

　　4.1　一般规定 ······················ 42

　　4.2　建筑专业策划 ···················· 42

　　4.3　结构专业策划 ···················· 43

　　4.4　给排水专业策划 ·················· 44

　　4.5　暖通空调专业策划 ················ 45

　　4.6　电气专业策划 ···················· 45

5　场地规划与室外环境 ················ 47

　　5.1　一般规定 ······················ 47

　　5.2　规划与建筑布局 ·················· 48

　　5.3　交通组织 ······················ 50

　　5.4　室外环境 ······················ 51

　　5.5　绿化、场地与景观设计 ············ 53

6　建筑设计与室内环境 ················ 58

　　6.1　一般规定 ······················ 58

　　6.2　室内环境 ······················ 59

　　6.3　围护结构 ······················ 61

　　6.4　建筑及装修用料 ·················· 63

　　6.5　建筑安全与防护 ·················· 65

7　结构设计 ························· 67

　　7.1　一般规定 ······················ 67

　　7.2　地基基础设计 ···················· 67

　　7.3　主体结构设计 ···················· 68

　　7.4　装配式建筑 ················································· 69
8　给水排水设计 ··················································· 70
　　8.1　一般规定 ··················································· 70
　　8.2　给水系统 ··················································· 71
　　8.3　生活热水 ··················································· 74
　　8.4　非传统水处理利用及雨水控制 ················· 75
　　8.5　节水器具与计量 ········································· 78
9　供暖、通风和空调设计 ··································· 81
　　9.1　一般规定 ··················································· 81
　　9.2　冷热源 ······················································ 82
　　9.3　输配系统 ··················································· 84
　　9.4　末端设备 ··················································· 86
　　9.5　计量与控制 ··············································· 87
10　电气设计 ······················································· 89
　　10.1　一般规定 ················································ 89
　　10.2　供配电系统 ············································· 90
　　10.3　计量与控制 ············································· 91
　　10.4　照明系统 ················································ 91

# Contents

3 Basic requirements ················································· 41
4 Green design planning ············································· 42
  4.1 General requirements ········································ 42
  4.2 Architectural planning ······································ 42
  4.3 Structural planning ·········································· 43
  4.4 Water supply and drainage planning ················· 44
  4.5 HVAC planning ·············································· 45
  4.6 Electrical planning ·········································· 45
5 Site planning and outdoor environment ··················· 47
  5.1 General requirements ········································ 47
  5.2 Planning and building layout ···························· 48
  5.3 Traffic organization ········································· 50
  5.4 Outdoor environment ······································· 51
  5.5 Greening, site and landscape design ················· 53
6 Architecture design and indoor environment ············· 58
  6.1 General requirements ········································ 58
  6.2 Indoor environment ········································· 59
  6.3 Building envelope ············································ 61
  6.4 Building and decoration material ······················ 63
  6.5 Building safety and protection ·························· 65
7 Structure design ···················································· 67
  7.1 General requirements ········································ 67
  7.2 Building foundation design ······························ 67
  7.3 Main structure design ······································ 68

7.4　Prefabricated building ················································ 69

8　Water supply and drainage design ································· 70

8.1　General requirements ············································· 70

8.2　Water supply system ·············································· 71

8.3　Domestic hot water ··············································· 74

8.4　Non-traditional water utilization and storm water
runoff control ······················································· 75

8.5　Water saving fittings and metering ······················· 78

9　HVAC design ···························································· 81

9.1　General requirements ············································· 81

9.2　Heat and cold source ············································ 82

9.3　Energy transportation and distribution system ······· 84

9.4　Terminal system ··················································· 86

9.5　Metering and control ············································ 87

10　Electrical design ···················································· 89

10.1　General requirements ··········································· 89

10.2　Power supply and distribution system ·············· 90

10.3　Metering and control ·········································· 91

10.4　Illumination ······················································ 91

# 3 基本规定

**3.0.1** 建筑绿色设计是指采用可持续发展的技术措施进行的建筑设计。可持续发展的技术措施与建筑的规模、性能、品质和经济造价有关,应该针对项目的特点综合考虑建筑安全、耐久、经济、美观、实用等因素,确定合理的等级目标,避免因片面追求过高的等级而造成不必要的浪费。绿色策划是绿色设计重要的组成部分。

**3.0.4** 绿色设计策划书应由建筑设计单位编制或由设计单位与绿色建筑专业咨询机构共同编制。在项目建议书阶段、工程可行性研究阶段或投标的方案设计应根据需求进行绿色设计策划,所编制的绿色设计策划书,可作为项目建议书、可研报告、投标方案或方案设计说明中的绿色设计专篇。

**3.0.5** 对于确立绿色建筑定位目标等级的建筑项目,绿色设计应作为初步设计中专项设计内容之一,在初步设计中由建筑专业牵头,汇总各专业的技术措施,统一编制绿色设计专篇。本阶段的绿色设计专篇,是满足编制施工图设计文件的需要和初步设计审批的需要。

根据《建筑工程设计文件编制深度规定(2016 年版)》第 1.0.4 条"当有关主管部门在初步设计阶段没有审查要求,且合同中没有作初步设计的约定时,可在方案设计审批后直接进入施工图设计"的规定,对于没有初步设计阶段审查要求的工程项目,可不编制初步设计阶段的绿色设计专篇。

**3.0.6** 施工图设计阶段,各专业应结合各自独立的施工图设计说明,按专业编制专项说明,明确各专业设计应落实的技术措施。

# 4 绿色设计策划

## 4.1 一般规定

**4.1.1** 建筑设计方案阶段是建筑设计的第一阶段,项目分析、场地分析、功能分析、材料分析等是建筑设计方案阶段不可缺少的实施内容与步骤,对于具有绿色建筑目标的项目,应在上述分析中同步进行绿色设计策划,确定建筑设计方向、技术路线和概算投资控制,以确保绿色设计真正融合在建筑设计的全过程中。

**4.1.2** 绿色设计是在满足建筑功能的基础上,实现建筑全寿命周期内的资源节约和环境保护,为人们提供健康、适用和高效的使用空间;绿色建筑的策划不应仅停留在设计阶段,设计阶段提出的绿色建筑技术措施,是为了落实在运营管理阶段,同步策划建筑设计和运营管理的绿色技术措施,通过设计解决运营管理阶段可能会出现的问题,为运营管理打下基础,应避免"贴标"式的绿色策划。

**4.1.3** 前期调研是为了收集资料,从而确立绿色建筑的定位与目标,根据绿色建筑的目标定位选用绿色建筑技术;绿色技术措施的经济、技术可行性分析是为了满足投资概算的控制。绿色设计策划内容相互关联,缺一不可。

## 4.2 建筑专业策划

**4.2.2** 建筑策划包括总平面设计及建筑单体设计。应根据项目自身特点和场地周边可再生能源、公共服务配套设施、市政设施等资源条件和资金投入,对绿色技术的选用进行权衡分析,充分利用自身具备的有利条件,并应考虑运营维护的可操作性、建筑性能的品质、使用者的感受等,选用适宜的绿色技术,突出项目的绿色重点,确定绿色建筑的策略。对场地污染源应关注原有场地的使用性质,工业建筑用地改性为居住用地时应核实有无土壤污染、土壤安全处理措施及处理后的检验报告;住宅布局应考虑周边和自身的污染物如废气、废水、废物和垃圾等影响,并应采取有效的措施,保证室外环境质量;场地交通组织不仅应考虑基地内的道路和停车场布置,还应根据场地周边的公共交通站点设置情况,合理确定基地人行出入口位置,就近到达公交站点。配套设施有些是本用地内配置的内容,也有些可以与周边地区资源共享,策划方案应分别明确配置情况,合理利用场地周边已有的市政基础设施、公共交通和公共服务设施,以保障居住区居民生活必需的环境和服务。装配式建筑是由结构系统、外围护系统、设备与管线系统、内装系统的主要部分采用预制部件部品集成的建筑,绿色建筑策划中提到的装配式建筑的集成设计,即结构系统、外围护系统、设备与管线系统、内装系统一体化的设计。围护结构的保温隔热应根据条件对满足现行节能设计标准还是提高标准进行策划,并应考虑相应的技术措施;住宅建筑的可再生能源利用主要是太阳能热水系统,有条件也可采用太阳能发电或土壤源热泵系统,可再生能源利用应符合本市相关的节能条例要求,并应与住宅功能相适应,确保技术落地及运行的可操作性。

建筑策划应综合相关专业技术措施进行一体化设计。

## 4.3 结构专业策划

**4.3.2** 建筑结构设计应落实本市装配式建筑的相关政策要求。在住宅建筑的绿色设计中,结构体系选型应与可工业化建造的装配式建筑相适应,满足装配式建筑指标要求。装配式建筑可根据经济技术条件选择装配式混凝土结构、装配式钢结构和装配式木结构。

## 4.4 给排水专业策划

**4.4.1** 水资源状况与当地的区域地理条件、气候条件、城市发展状况等密切相关。应在区域规划的同时,对当地的水资源状况、水量和水质进行调查、估算与评价,以提高水资源的利用率。

**4.4.2** 上海属于水质型缺水地区,可再生利用的水资源包括雨水、河道水和中水等。非传统水源的利用应优先考虑雨水资源的利用。当采用河道水作为非传统水源的原水时,应调查河道枯水期的水质,确定合理的水处理工艺。本条强调,在规划可再生能源利用时,应重视可能出现的对周边环境的不利影响。

海绵城市设计需要规划、建筑、给排水、景观等多工种协调配合完成。《上海市建设项目设计文件海绵专篇(章)编制深度(试行)》对方案阶段不同建设规模的建筑与小区海绵城市设计文件编制深度作了明确规定:用地面积大于 2 万 m² 或有海绵城市示范要求的项目,方案设计成果应包括项目方案设计海绵专篇(章)和设计海绵部分图纸。用地面积小于 2 万 m² 且无海绵城市示范要求的项目,方案设计阶段宜提供海绵专篇(章)。

上海市工程建设规范《住宅设计标准》DGJ 08—20—2019 第10.0.19 条第 1 款明确要求:厨房和卫生间的排水横管应设在本套内,不得穿越楼板进入下层住户。同时,现行上海市工程建设规范《建筑同层排水系统应用技术标准》DG/TJ 08—2314 对同层排水的形式、防水措施、验收等都作了严格规定。因此,本条第 5 款要求在方案设计阶段,应考虑住宅卫生间同层排水设计。

**4.4.3** 应根据非传统水供应情况,合理规划人工景观水体规模,并进行水量平衡计算。当有多种可利用的非传统水时,应优先采用雨水作为补充水。国家标准《建筑给水排水设计标准》

GB 50015—2019 第 3.12.1 条对亲水性水景和非亲水性水景的水质标准作了明确规定。该条文第 3 款规定:亲水性水景的补充水水质,应符合国家现行相关标准的规定。

## 4.5 暖通空调专业策划

**4.5.1** 应优先利用发电厂或其他工业余热、废热作为供暖与空调系统的热源。

可再生能源利用,如考虑采用地源热泵空调系统,应按照现行国家标准《地源热泵系统工程技术规程》GB 50366 和现行上海市工程建设规范《地源热泵系统工程技术规程》DG/TJ 08—2119 的规定,在地源热泵系统方案设计前,进行工程场地状况调查,并应对浅层地热能资源进行勘察。

**4.5.2** 随着采用集中式空调形式的高档住宅越来越多,"独立新风系统"也可作为项目方案策划的一个选项。

利用可再生能源时,应进行技术经济比较,合理时方可采用。如考虑采用地源热泵空调系统,应认真分析已有的浅层地热能资源勘察报告,当考虑采用土壤源热泵形式时,还需了解可供埋管的场地位置及面积等实际情况,作为可行性研究报告的有效依据。

## 4.6 电气专业策划

**4.6.1** 太阳能光伏发电、风力发电是最常用的可再生能源的利用,冷热电联供具有靠近用户、梯级利用、一次能源利用效率高、环境友好、能源供应安全可靠等特点,是一种成熟的能源综合利用技术。

前期调研时应结合项目特点及实施项目地区的可再生能源状况进行深入调查分析,对建筑外观、环境质量影响作出正确的评估,需要与建筑进行一体化设计,并通过技术经济分析确定是否采用此类技术。

**4.6.2** 在方案策划阶段应制定合理的供配电系统、智能化系统方案,优先利用市政提供的可再生能源,并尽量设置变配电所和配电间居于用电负荷中心,合理规划电气线路,减少线路损耗,提高供电质量,优先选择符合功能要求的效率高、损耗低的节能技术和电气设备,确保绿色设计真正融合在整个设计过程之中,保证绿色设计的技术、经济可行性,建筑、结构、机电设备各专业协调一致,保证绿色技术的落实。

当建筑所处环境适合太阳能发电、风力发电等绿色能源的应用时,可通过技术经济分析确定是否采用此类技术。

太阳能结合 LED 路灯和庭院灯技术已日趋成熟,具有充分利用绿色能源、光效高、光源寿命长、免维护等优势,同时也存在蓄电池寿命较短、不环保等缺陷,因此需要对技术、经济的可行性进行研究、分析和合理评估。

电动车充电设施包括电动汽车和电动非机动车充电设施,充电设施的配电设计应符合国家和本市现行标准的要求。

# 5 场地规划与室外环境

## 5.1 一般规定

**5.1.1** 本条对应于现行国家标准《绿色建筑评价标准》GB 50378 中选址合规的控制项。住宅建筑设计中有关容积率、绿地率、建筑密度、建筑总量等技术经济指标是由城市规划管理部门确定的,这些技术经济指标是绿色建筑设计的基本要求,建筑设计中只能优于规划提出的指标而不允许降低指标,凡是不满足城市规划管理技术规定要求的建筑设计就不具备绿色建筑的资格。

**5.1.2** 生态补偿是指对场地整体生态环境进行改造、恢复和建设,以弥补新建建筑后引起的不可避免的环境变化影响。室外环境的生态补偿重点是改造、恢复场地自然环境,通过采取植物补偿等措施,改善环境质量,减少自然生态系统对人工干预的依赖,逐步恢复系统自身调节功能并保持系统健康稳定,保证人工-自然复合生态系统良性发展。当建设项目拿到的已完成动迁和土地平整的用地时,不强求进行生态补偿和生态修复。

环境影响评价应包括土壤检测,上海地区为软土地基,土壤含氡可能更多的来源于地下水的影响,宜进行建筑场地土氡浓度测定,提供相应检测报告及分析评价。若检测结果不符合相应标准,建筑设计应根据检测结果,按照现行国家标准《民用建筑工程室内环境污染控制规范》GB 50325 的要求采取防氡措施。工程设计除采取建筑物地面抗裂措施外,还必须按照现行国家标准《地下工程防水技术规程》GB 50108 中一级防水设防要求对地下室及基础进行处理。

场地安全还应考虑周边有无电磁辐射影响。电磁辐射对人体有两种影响：一是电磁波的热效应，当人体吸收到一定量时就会出现高温生理反应，最后导致神经衰弱、白细胞减少等病变；二是电磁波的非热效应，当电磁波长时间作用于人体时，就会出现如心率、血压等生理改变和失眠、健忘等生理反应，对孕妇及胎儿的影响较大，后果严重者可以导致胎儿畸形或者流产。人体如果长期暴露在超过安全的辐射剂量下，细胞就会被大面积杀伤或杀死，并产生多种疾病。应控制电场、磁场、电磁场所致公众暴露，其控制限值应符合现行国家标准《电磁环境控制限值》GB 8702 的规定，远离电视广播发射塔、雷达塔、通信发射塔、变电站、高压电线等。当相关指标不符合现行国家标准要求时，应采取相应措施，并对措施的可操作性和实施效果进行评估。

**5.1.3** 本条对应于现行国家标准《绿色建筑评价标准》GB 50378 中无超标污染源的控制项。住宅建筑自身产生的主要污染源是厨房油烟和地下车库废气，应按规定合理布置住宅单体，通过高度、间距、朝向等措施，减少影响。

**5.1.4** 建筑规划布局应满足《上海市城市规划管理技术规定（土地使用管理）》的要求。其中，多层住宅建筑应符合《上海市城市规划管理技术规定（土地使用管理）》的建筑间距规定；低层和高层住宅建筑应按照《上海市城市规划管理技术规定（土地使用管理）》的规定进行日照分析，并提供日照分析报告。

## 5.2 规划与建筑布局

**5.2.1** 节地设计是绿色建筑的一个重要内容。住宅建筑人均居住用地指标是控制建筑节地的关键性指标，本条提出的指标限值是绿色建筑评价标准的基本限值和最小得分项，人均居住用地高于此限值的项目不具备绿色建筑的基本条件，而人均用地低于此指标限值的项目则可根据数值的区别获得更高的分值。人均用地指标根据国家标准《城市居住区规划设计标准》GB 50180—2018 的相关指标进行了调整。

**5.2.2** 本条依据《上海市绿化条例(2017 年修正)》第十五条:"新建居住区内绿地面积占居住区用地总面积的比例不得低于百分之三十五,其中用于建设集中绿地的面积不得低于居住区用地总面积的百分之十;按照规划成片改建、扩建居住区的绿地面积不得低于居住区用地总面积的百分之二十五"提出。

绿地计算面积包括居住区公园、小游园和组团绿地及其他块状、带状绿地,也包括可计入绿地率的屋顶绿化。屋顶绿化的面积计算应符合本市规划、绿化等主管部门的相关要求。

本条规定的绿地率是绿色建筑的准入基本条件,若城市规划、绿化等管理部门对绿地率提出具体指标要求,则应按规划、绿化等管理部门要求执行。

**5.2.3** 开发利用地下空间是城市节约集约用地的重要措施之一。住宅建筑基地的地下空间主要用于地下车库、设备用房,有些居住区会所也会利用地下空间,地下空间利用应有度、科学合理。地下空间的利用应考虑基地地质条件、结构类型和使用性质等诸多因素限制,不应盲目地为绿色建筑达标而开发建设地下空间。地下空间开发利用中应避免设置所谓的地下结构空腔,这种结构空腔四周封闭,占用空间和面积,却借口没有使用功能而不计入建筑面积,实质上违反了绿色建筑节约资源的设计理念。

**5.2.4** 居住区的控制性详细规划中,一般均已规划布置相应的公建配套设施,并考虑了资源共享,建筑设计应按照规划要求予以落实。居住区配套的公共服务设施主要有:托儿所、幼儿园、中小学校、社区卫生中心、医院、文化体育设施、商业服务、金融邮电、社区服务、市民中心、街道办事处、社会福利等,是居民生活不可缺少的重要组成部分。基地内外共享的公共服务设施应方便居民就近使用,从基地到达配套幼托、学校、商店的步行距离不宜大于 500 m,基地 1 000 m 范围内的公共服务设施不应少于 5 种。

**5.2.5** 本条所指的公共服务设施会有污染物产生,总平面布置时,应保证合理的建筑环境间距尺寸,避免噪声、污染物、电磁辐射等对住宅的影响。现行《上海市控制性详细规划技术准则(2016 年修订版)》中对这些有关生态环境的防护距离都有详细的数值规定。

**5.2.6** 本市已执行垃圾分类的管理文件和相关法规,新建绿色住宅应在设计中布置垃圾收集场所和设施,做到与建筑同步设计、同步建设,为项目建成后的运营管理提供基础条件。垃圾收集场所应按照可回收物、有害垃圾、湿垃圾和干垃圾四类分类留出相应的储存空间和场地,垃圾收集场所和设施的位置应予以实施,应作为对施工和运营管理的技术要求,提请开发建设方、施工方和运营管理方不得随意修改或取消,确保落实。

## 5.3 交通组织

**5.3.1** 公共交通指地面公共交通和地下轨道交通,一般要求 500 m 范围内应有地面公共交通站点或 800 m 范围内有地下轨道交通站点。居住区规划时应重视基地出入口与公交站点的位置,按相关规定留出适当的间距。

**5.3.2** 机动车停车首选地下车库,以减少地面停车的废气、噪声对环境造成的影响。

非机动车包括自行车和电力、燃气等助力车。有些总平面设计虽然设置非机动车停车库(场),但停车位置与建筑出入口相距较远不能方便使用,属于设置位置不合理。室外非机动车停车应考虑遮阳防雨,设置棚架,满足此条要求可获得相应的评价分。

不仅机动车停车场所应设置充电设施,非机动车停车库也应设置充电设施,以避免电动自行车随意拉电线充电引发火灾的安全隐患。

非机动车停车场所设置监控设施,是提高防盗性能,保证安全的基本措施,建筑专业应与电气专业协调,并应符合公安的安全监控要求。

## 5.4 室外环境

**5.4.1** 绿色住宅不应采用玻璃幕墙,住宅底层大堂入口部位确需采用玻璃幕墙时,设置幕墙的部位应考虑对环境的影响,幕墙玻璃的可见光反射比必须限定。

**5.4.2** 行业标准《城市夜景照明设计规范》JGJ/T 163—2008 第 7 章光污染的限制明确了居住区的夜景照明要求,夜景照明对住宅建筑的影响根据住宅所在环境区域分类而提出不同的规定值。上海市地方标准《城市环境(装饰)照明规范》DB31/T 316—2012 中的第 4.5 节为居住小区照明,其第 4.5.2 条有关住宅建筑居室窗户的在表面的垂直照度和指向住宅窗户方向的灯具的最大光强为强制性条文,商业建筑与住宅建筑相邻时,其夜景照明设计应严格执行。夜景照明设计需与电气专业协调配合。

**5.4.3** 前期环境影响评价会对场地周边的噪声现状进行检测,并对规划实施后的环境噪声进行预测。国家标准《声环境质量标准》GB 3096—2008 中对于不同类别居住区环境噪声标准的规定见表1。对于交通干线两侧的居住区,定性为 4 类区。4 类区的环境噪声较大,住宅建筑单体设计应提高围护结构的隔声量,保证室内背景噪声的基本要求。

**表 1  不同区域环境噪声标准**

| 类别 | 0 类 | 1 类 | 2 类 | 3 类 | 4 类 |
|------|------|------|------|------|------|
| 昼间(dB) | 50 | 55 | 60 | 65 | 70 |
| 夜间(dB) | 40 | 45 | 50 | 55 | 55 |

注:0 类—疗养院、高级别墅区、高级宾馆;
    1 类—居住、文化机关为主的区域;
    2 类—居住、商业、工业混杂区;
    3 类—工业区;
    4 类—城市中的道路干线两侧区域。

总平面规划中应注意噪声源及噪声敏感建筑物的合理布局，注意不把噪声敏感性高的居住用建筑安排在临近交通干道的位置，同时确保不会受到固定噪声源的干扰。通过对建筑朝向、位置及开口的合理布置，降低所受外部环境噪声影响。

　　临街的住宅建筑的室内声环境应符合现行国家标准《民用建筑隔声设计规范》GB 50118 中规定的室内噪声标准。采用适当的隔离或降噪措施，如道路声屏障、低噪声路面、绿化降噪、限制重载车通行等隔离和降噪措施，减少环境噪声干扰。对于可能产生噪声干扰的固定的设备噪声源，应采取隔声和消声措施，降低其环境噪声。

　　当拟建噪声敏感建筑不能避开临近交通干线，或不能远离固定的设备噪声源时，应采取措施来降低噪声干扰。据有关技术资料，设置绿化隔离带的宽度与降低噪声效果有关：10 m～14 m 宽的绿化带可降低噪声 4 dB～5 dB；14 m～20 m 宽的绿化带可降低噪声 5 dB～8 dB；20 m～30 m 宽的绿化带可降低噪声 8 dB～10 dB；25 m～30 m 宽的绿化带可降低噪声 10 dB～12 dB。

**5.4.4**　建筑布置不当会造成建筑区域形成无风区或涡旋区，这对于室外散热和污染物排放是非常不利的，应尽量避免。住宅建筑布局采用行列式、自由式或采用"前低后高"和有规律的"高低错落"，有利于自然风进入居住区深处，建筑前后形成压差，促进建筑自然通风。建筑设计方案阶段应采用计算机模拟工具对总平面布局进行推敲比较，从而确定最佳方案。

**5.4.5**　利用绿化遮阴是有效地改善室外微气候和热环境的措施，休憩广场和庭院可设置攀爬绿化的棚架，夏季有遮阴，冬季有阳光，停车场结合停车位布置树坑种植高大乔木，其树冠可成为车辆天然的遮阴棚。

　　场地总平面设计中，应综合考虑室外场地受建筑遮挡和树冠投影的遮阴面积、地面的太阳辐射热反射系数和空调室外排热因素。《上海市新建住宅环境绿化建设导则》第 2.0.3.12 条规定：空旷的活动、休息场地乔木覆盖率≥45%场地面积,以落叶乔木为主,保证活动场地夏有庇荫、冬有日照。

可通过景观水池的蓄水的蒸发散热改善场地内的热环境,减少热岛效应。公共活动场地及绿化景观中的跌水、喷泉、溪流、瀑布等动态水景,可以扩大水与空气的接触面积,加快蒸发速度,提高水景的降温加湿效果;夏季太阳辐射后的地面温度高达 45 ℃~65 ℃,渗透地面因含水蒸发冷却效应可使地表温度下降 5 ℃~25 ℃,地面的长波辐射强度可以降低 100 W/m² ~300 W/m²,地面烘烤感明显降低,人体舒适感显著提高,故场地及人行道采用透水铺装也是有效降低热岛效应的技术措施。

## 5.5 绿化、场地与景观设计

**5.5.1** 本条内容综合了《上海市新建住宅环境绿化建设导则》中的相关规定,场地绿化和景观设计应落实这些量化指标要求。另行委托专业景观公司进行景观设计时,建筑主体设计单位应明确这些量化指标要求。

立体绿化可有效缓解城市热岛效应,并有利于建筑围护结构的保温隔热。垂直绿化可利用屋檐、外墙、栏杆等构件栽植藤本植物、攀爬植物和垂吊植物,也可设置构架安放模块式绿化便于养护。藤本植物、攀爬植物在夏季遮挡太阳辐射热,在冬季落叶后还可获得阳光,垂直绿化适合种植在建筑的西向、东向和南向外墙。

屋顶绿化可按规定根据高度、绿化类型计入绿地率。外墙垂直绿化和屋顶绿化在达到适量的面积后方可起到改善环境气候的作用,故本条第 6~8 款对外墙垂直绿化和屋顶绿化提出最小面积的要求。为避免墙面绿化对住宅采光通风日照的影响,住宅建筑墙面绿化宜设置在开窗少、夏季阳光辐射大的东、西侧外墙。

5.5.2 近年来,本市市民已经养成了冬看梅花、春看樱花、夏观荷花、秋赏黄叶的爱好,植物的配置应从观花、观叶、观果上满足居民的需求,不出家门也能看到四季的丰富色彩变幻。选择少维护、病虫害少的植物有利于日后物业维护管理。保健植物、鸟嗜植物、香源植物、蜜源植物、固氮植物则更加促进了良好生态环境。为保证种植物生长且不影响建筑物的安全以及住户的采光、通风、日照、视线的需求,本条第 4 款明确了乔木种植与建筑的最小距离。

5.5.3 地面铺装材料的选择要考虑其透水性,减少场地雨水径流量和湿滑程度。

透水铺装面层材料可采用镂空面积大于等于 40% 的镂空铺装(如植草砖),以及符合现行产品标准要求的透水砖。透水铺装的基础垫层应具有透水的作用,故不应采用混凝土垫层,可采用透水混凝土、碎石垫层。

地下室顶板上的透水铺装场地应保证一定的覆土厚度并引导坡向自然土壤,真正起到涵养土壤的作用。

5.5.4 景观绿地、人行道地面高差有变化时应按规定设置无障碍坡道。

5.5.5 本条为新增条文。用于满足合理设置雨水基础设施的技术措施之一,通过道路、广场地面的高差,引导地面雨水进入绿地,通过自然生态的方式渗、滤雨水,减少雨水外排总量。应将绿地内的雨水经过自然渗透后多余的雨水接入排水管,不可将高出地面的绿地雨水直接排入道路、广场。

5.5.6 本条为新增条文。下凹式绿地具有较好的蓄存雨水功能,是建筑基地中适宜的海绵城市建设的有效技术措施。下凹式绿地具有一定的面积且低于周边地面或道路,才能发挥其调蓄作用;因其具备蓄水功能,故应远离建筑物基础一定的水平距离,以避免积水对建筑物基础造成影响,故建筑周边的零星绿化不适合设置下凹式绿地。下凹式绿地以观赏为主,不应作为可进入活动的绿地,仅适合种植本地适生的耐水湿植物和宜共生群生的观赏性植物,具体植物种类详见《上海市海绵城市建设技术导则(试行)》的附录9.6"上海地区海绵城市绿地建设推荐植物种类表"。图1为下凹式绿地典型构造示意图。

**图1　下凹式绿地典型构造示意图**

**5.5.7**　本条为新增条文。地下室顶板上既要达到绿化覆土1.5 m厚度满足绿地要求,又要下凹100 mm～200 mm的深度满足蓄水要求,顶板上的预留厚度接近1.8 m,由于有蓄水功能,还需对地下室顶板的防水设计提出更高要求,故不建议在地下室顶板上设置下凹式绿地。当地下室埋置深度具备条件,确需在地下室顶板上布置下凹式绿地时,应考虑排水和导水措施,将雨水导入自然土壤,并可通过防、排结合,避免地下室顶板漏水。

**5.5.8**　雨水花园具有很好的调蓄功能,一般在大型公共绿地、公园绿地中才有可能实施,零星绿化无法达到雨水花园的调蓄功能,故本条规定雨水花园应设置在集中绿地中。由于雨水花园下凹蓄存雨水,其与道路、场地等会有一定的高差,故雨水花园的周边应考虑安全防护措施和标志标识,避免发生安全事故。

**5.5.9**　本条为新增条文。依据《上海市海绵城市建设技术导则(试行)》的相关规定,雨水花园构造层中的填料层厚度宜为500 mm,可采用瓜子片或沸石为填料,也可采用改良种植土为填料。过渡层为50 mm厚中砂,种植层为300 mm厚改良种植土,覆盖层为50 mm厚砾石或有机覆盖植物,蓄水层深度不少于200 mm。雨水花园的典型构造见图2。

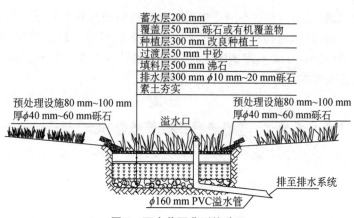

蓄水层200 mm
覆盖层50 mm 砾石或有机覆盖物
种植层300 mm 改良种植土
过渡层50 mm 中砂
填料层500 mm 沸石
排水层300 mm $\phi$10 mm~20 mm砾石
素土夯实

预处理设施80 mm~100 mm
厚$\phi$40 mm~60 mm砾石

预处理设施80 mm~100 mm
厚$\phi$40 mm~60 mm砾石

溢水口

排至排水系统

$\phi$160 mm PVC溢水管

**图2 雨水花园典型构造图**

**5.5.10** 本条为新增条文。雨水外排总量控制不仅是给排水专业设计内容,也是建筑专业应考虑的技术措施,建筑设计在布置室外场地和道路时,应合理选择场地面层材料,以有效地截留外排雨水。表2是室外不同材料场地的径流系数。

**表2 不同材料场地的径流系数**

| 汇水面种类 | 雨量径流系数 |
|---|---|
| 绿化屋面(覆土厚度≥300 mm) | 0.30~0.40 |
| 硬屋面 | 0.80~0.90 |
| 混凝土或沥青路面、广场(非透水基层) | 0.80~0.90 |
| 大块石铺砌路面、广场 | 0.50~0.60 |
| 沥青表面处理的碎石路面、广场(透水基层) | 0.45~0.55 |
| 级配碎石路面、广场 | 0.40 |
| 绿地 | 0.15 |
| 地下室顶板覆土厚度≥500 mm 的绿地 | 0.15 |
| 地下室顶板覆土厚度<500 mm 的绿地 | 0.30~0.40 |
| 透水铺装地面 | 0.08~0.40 |

注:本表摘自国家标准《建筑与小区雨水控制及利用工程技术规范》GB 50400—2016第3.1.4 条条文说明。

5.5.11 本条为新增条文。根据《上海市公共场所控制吸烟条例》规定,室内公共场所全面禁止吸烟,但室外吸烟也需规定区域设置要求,以减少对健康人群的危害,本条新增了室外吸烟区的设置要求。

# 6 建筑设计与室内环境

## 6.1 一般规定

**6.1.1** 建筑形体与日照、自然通风、噪声等因素都有密切的关系，在设计中仅孤立地考虑形体因素是不够的，需与其他因素综合考虑。建筑形体及立面的设计应充分利用场地的自然条件，综合考虑建筑的朝向、间距、开窗位置和比例等因素，充分利用自然因素即被动式设计使建筑获得良好的日照、通风、采光和视野。

**6.1.2** 住宅室内空间应适应需求变化和使用人数变化，考虑可变住宅空间，户内的卧室、起居室可按需灵活分隔，或同一楼层的户型之间也可根据需求变化，从而达到适用性强、节约建筑材料的目的。建筑层高的提高会增加建筑材料，同时也会因增大空间容量而增加供暖、空调能耗。控制建筑层高，可有效减少建筑能耗，是绿色建筑设计中减少运行能耗的有效措施。本条虽然没有直接对应的绿色建筑评价条文，但这也是绿色建筑设计应考虑的节能、节材等节约资源的技术。

**6.1.3** 建筑东向、西向外墙夏季会受到较大的太阳辐射热，不适合作为建筑主要的朝向，本条提出的建筑朝向范围是本市较为适宜的朝向。

**6.1.4** 建筑外装饰应结合建筑遮阳构件、外墙垂直绿化构件一体化设计，起到一举两得的功效；太阳能利用所需要的集热设施构件应与建筑物一体化设计，设计人员不应让业主自理或专业厂家负责。本条第 3 款是新增内容。室外机搁板的位置应考虑室外机安装和使用中检修维护的安全操作需求，避免安全隐患。空调机位距外窗开启洞口的水平间距不宜大于 500 mm,便于室外机传递与安装检修。本条的提出,基于安全耐久的要求。

**6.1.5** 土建设计和装修设计宜由同一家设计单位承担,便于实现土建装修一体化;有些全装修住宅是将土建设计和装修设计分别由不同设计单位承担,装修与土建设计没有做到统一考虑,导致装修施工进场时,拆除破坏原有的结构件及还未使用的分隔墙体等,削弱结构安全,增加材料消耗。

土建装修一体化设计既可减少设计的重复,又可保证结构的安全,减少材料消耗,并降低经济成本。当遇到土建与装修分别由不同设计单位承担的工程时,装修设计方案应与土建设计同步进行,装修设计方案应事先与结构专业进行协调配合,避免破坏结构件。

**6.1.6** 建筑模数协调统一是指在建筑设计中,建筑部品、建筑构配件和组合件实现大规模工业化生产,不同材料、不同形式和不同制造方法的建筑构配件、组合件符合模数并具有较大的通用性和互换性,从而达到加快设计速度,提高施工质量和效率,降低建筑造价的目的。

住宅建筑设计在满足使用功能的前提下,需通过模数协调尽量减少预制构配件的类型,使其达到标准化、系列化、通用化和商品化,从而充分发挥投资效益。建筑设计模数化是装配式建筑标准化设计的基本要求。

**6.1.7** 本条为新增条文。无障碍电梯和可容纳担架电梯的具体尺寸,应依据现行国家标准《无障碍设计规范》GB 50763 和现行上海市工程建设规范《住宅设计标准》DGJ 08—20 确定。设置无障碍电梯时,应同时满足无障碍电梯厅的设计要求。


## 6.2 室内环境

**6.2.1** 起居室、卧室是住宅建筑的主要功能空间,布置在具有良好的日照、采光、自然通风的位置是被动式建筑设计手法,也是利用自然资源,减少运行能耗的最佳方法。

起居室、卧室空间窗地面积比不小于1/6,基本可达到采光等级为Ⅳ级的要求,可获得绿色建筑评价的基本得分;若窗地比达到1/5,可以在绿色建筑评价中获得更高的分数。

外窗通风开口面积是为了满足住宅室内空气质量的要求,通过自然通风带走污浊空气。开口面积与房间地板面积之比是较为直观的判别量化指标,具有可操作性。

**6.2.2** 良好的视野有助于居住者心情舒畅。住宅是私人空间,主要居室空间应避免前后左右不同住户之间的视线干扰,相邻住宅居住空间外窗的水平视线距离不小于18 m是为了满足住户私密性的基本要求。起居室、卧室布置在东、西朝向时,不仅应满足防火间距要求,还应满足视野间距要求。

**6.2.3** 住宅的地下空间主要用于停车,可在地下室设置下沉式庭院,或设置窗井、采光天窗甚至在地下室顶板直接上开口引入自然采光和自然通风。地下空间自然采光和自然通风,可提高室内的空气品质,节省通风设备和照明的运行能耗。设置下沉式庭院不仅促进了自然采光和自然通风,还可增加绿化率,丰富景观空间。地下停车库的下沉庭院需注意避免汽车尾气对建筑使用空间的影响;采光井和顶板开口需满足与相邻地面住宅外门窗的防火间距要求。

**6.2.4** 本条是减少噪声干扰的有效措施,现行住宅设计规范标准中也有相关的规定。住宅平面设计中应避免卧室、起居室等主要居室空间贴邻电梯布置,对其他户内空间贴邻电梯井道时,不仅应对电梯井道墙体采取隔声措施,还应对电梯设备提出静音要求,并对电梯机房设备基础采取减振隔震措施,保证住宅户内的安静。

**6.2.5** 本条是绿色建筑的控制项要求。外墙或隔墙采用混凝土、砌体等重质材料时,其隔声量一般都大于45 dB,住宅的外墙和分户墙应满足隔声性能要求。含窗外墙的综合隔声效果主要由外窗决定,除了应控制外窗的隔声量外,控制窗墙比也是有效措施。位于城市道路一侧的建筑外墙,当夜间室外噪声在 65 dB(A)时,窗墙比宜控制在 0.4 以内,通过减少外窗的面积减少噪声进入,从而减少室外噪声对室内环境的影响。

室内楼板撞击隔声满足隔声指标是住宅设计的薄弱环节,应予以重视。钢筋混凝土板厚度为 120 mm～150 mm 时,其计权标准化撞击声压级通常为 80 dB 左右,建筑设计应结合装修对楼板采用相应的隔声构造才能满足现行上海市工程建设规范《住宅设计标准》DGJ 08—20 中对住宅建筑室内楼板撞击隔声量的要求。

**6.2.6** 同层排水是降低排水噪声的有效措施,也是现行上海市工程建设规范《住宅设计标准》DGJ 08—20 对卫生间排水的要求,采用同层排水应重视防水设计。现行行业标准《住宅室内防水工程技术规范》JGJ 298 对同层排水的卫生间楼板明确防水设防要求,即在下降板的板面设置一层防水层,在装修面上还需设置一层防水层。《住宅室内防水工程技术规范》JGJ 298 中有同层排水的细部构造图,不仅要求双层防水,对其地漏、垂直管穿越楼板也均明确了相应的防水构造要求。

## 6.3 围护结构

**6.3.1** 本条是绿色建筑的基本要求。建筑围护结构的热工性能指标对建筑供暖和空调负荷有很大的影响,本市现行标准结合本市气候条件和能耗特点对围护结构的热工性能提出明确的要求,这是绿色建筑的基本条件;当围护结构部分指标不满足规定限值时,应按照现行上海市工程建设规范《居住建筑节能设计标准》DGJ 08—205 的规定进行围护结构热工性能的权衡判断;应符合现行上海市工程建设规范《居住建筑节能设计标准》DGJ 08—205 中的强制性条文的规定。

**6.3.2** 住宅建筑的外墙必须满足现行上海市工程建设规范《居住建筑节能设计标准》DGJ 08—205 的规定限值,不可由于外墙热工性能不满足规定限值而进行热工性能的权衡判断。

**6.3.3** 住宅建筑的屋面热工性能必须满足现行上海市工程建设规范《居住建筑节能设计标准》DGJ 08—205 的规定限值,不可由于屋面热工性能不满足规定限值而进行热工性能的权衡判断。

**6.3.4** 分户楼板应设置保温层,其热工性能必须满足现行上海市工程建设规范《居住建筑节能设计标准》DGJ 08—205 的规定限值,不可由于分户楼板热工性能不满足规定限值而进行热工性能的权衡判断。

**6.3.5** 主要居室开间窗墙比不大于 0.5,可有效提高围护结构热工性能。当建筑层高 2.8 m、起居室开间 4.2 m、通向阳台的落地门窗为 2.4 m×2.4 m 时,开间窗墙比为 0.49;但当建筑开间在 3.6 m 或 3.9 m 时,仍采用 2.4 m×2.4 m 的落地门窗时,窗墙比会大于 0.5。住宅外窗的热工设计应符合现行上海市工程建设规范《居住建筑节能设计标准》DGJ 08—205 的相关规定,采用单腔金属型材、塑料型材时,整窗热工性较差,不能满足规定限值,双腔塑料型材只有增强型钢腔和排水腔,缺少保温腔,已被列为禁止材料。本条第 4 款是新增内容。门窗的气密性、水密性、抗风压、保温等物理性能指标的确定应与建筑定性品质相匹配,不应号称高标准、高品质的建筑却采用低配的性能指标,这些性能均应作为主要检测指标,设计应要求提供施工进场检测报告。

**6.3.6** 外窗设置一定比例的开启扇才能满足室内自然通风的要求,18 层以上的外窗确因设置开启扇有难度而不能满足开窗面积比时,应采用设有通风装置的外窗。

**6.3.7** 外遮阳包括固定外遮阳和可调节外遮阳,住宅建筑南向可利用外挑阳台或外挑空调室外机搁板为固定外遮阳,采用可调节外遮阳节能效果会更好。可调节外遮阳可以兼顾夏季遮阳和冬季阳光需求,因此住宅建筑设计应优先选择可调节外遮阳设施。

**6.3.8** 空调室外机位应布置合理,尤其应重视设在凹口内的室外机位,避免排风回流倒灌,影响室内空气质量及室外机散热。空调室外机位装饰百叶角度设置不当、间距过密,均会影响空调机排风散热导致空调能耗增加,建筑设计应与暖通专业协调,保证空调室外机的有效散热。

## 6.4 建筑及装修用料

**6.4.1** 本条为绿色建筑评价标准的控制项,建筑设计必须满足。

**6.4.2** 本条与绿色建筑评价标准的控制项有关,设计阶段应提出明确要求,才能保证运营阶段的室内空气质量安全,应避免由于选材不当而造成室内环境污染。

可能对室内环境造成危害的装饰装修材料主要包括人造板及其制品、木器涂料、内墙涂料、胶粘剂、木家具、壁纸、卷材地板、地毯、地毯衬垫及地毯用胶粘剂等。这些装饰装修材料中可能含有的有害物质包括甲醛、挥发性有机物(VOC)、苯、甲苯和二甲苯以及游离甲苯二异氰酸酯等。因此,对上述各类室内装饰装修材料中有害物质含量必须进行严格控制。

**6.4.3** 为保证室内空气质量,国家标准《民用建筑工程室内环境污染控制规范》GB 50325—2010(2013年版)对无机非金属装修材料、人造木板材料、防腐防潮处理剂、阻燃剂和混凝土添加剂等都有强制性的条文规定。

用于室内的石材、瓷砖、卫浴洁具等建筑材料及其制品,往往具有一定的放射性。放射性超过一定剂量会造成人身伤害,将上述建筑材料及其制品的放射性限制在安全范围之内,这是强制性的,也是绿色建筑的最基本要求。

住宅建筑室内不允许采用溶剂型防水涂料是现行行业标准《住宅室内防水工程技术规范》JGJ 298的强制性规定。

**6.4.4** 装配式混凝土结构、装配式钢结构和装配式木结构是我国目前大力推广的装配式建筑体系,建筑设计应结合住宅建筑的特点合理采用。栏杆、门窗等建筑部品具备标准化生产的条件,建筑设计应首选标准化的部品。全装修住宅宜首选整体定型化设计的厨房和卫生间。

**6.4.5** 建筑用的砌筑砂浆、抹灰砂浆和地面砂浆应采用预拌混凝土和预拌砂浆,以达到节约水泥、砂石等资源的消耗量和能源的消耗量,提高施工效率,保证工程质量的目的。预拌混凝土和预拌砂浆还是清洁施工、文明施工、减少环境污染的重要措施。

本市对预拌砂浆有明文规定,预拌砂浆必须采用其专用符号,施工图设计文件中禁止采用"水泥∶黄沙"等材料比例标明砂浆品种、规格。预拌砂浆分为湿拌砂浆和干混砂浆,湿拌砌筑砂浆的符号为WM,干混砌筑砂浆的符号为DM,湿拌抹灰砂浆的符号为WP,干混抹灰砂浆的符号为DP,湿拌地面砂浆的符号为WS,干混地面砂浆的符号为DS,其与传统砂浆的对应见表3。

表3 预拌砂浆与现场配制砂浆分类对应表

| 种类 | 预拌砂浆 | 传统砂浆 |
|---|---|---|
| 普通砌筑砂浆 | WM5.0, DM5.0<br>WM7.5, DM7.5<br>WM10, DM10<br>WM15, DM15 | M5.0 混合砂浆, M5.0 水泥砂浆<br>M7.5 混合砂浆, M7.5 水泥砂浆<br>M10 混合砂浆, M10 水泥砂浆<br>M15 水泥砂浆 |
| 普通抹灰砂浆 | WP5.0, DP5.0<br>WP10, DP10<br>WP15, DP15<br>WP20, DP20 | 116 混合砂浆<br>114 混合砂浆<br>1∶3 水泥砂浆<br>1∶2,1∶2.5 水泥砂浆;112 混合砂浆 |
| 普通地面砂浆 | WS20,DS20 | 1∶2 水泥砂浆 |

**6.4.6** 可再利用建筑材料是指不改变所回收材料的物质形态可直接再利用的,或经过简单组合、修复后可直接再利用的建筑材料,如场地范围内拆除的或从其他地方获取的旧砖、门窗及木材等。合理使用再利用建筑材料,可充分发挥旧建筑材料的再利用价值,减少新建材使用量。

可再循环建筑材料是指通过改变物质形态可实现循环利用的材料,如金属材料、木材、玻璃、石膏制品等。充分使用可再循环利用的建筑材料可以减少生产加工新材料带来的资源、能源消耗和环境污染,可延长仍具有使用价值的建筑材料的使用周期,对于建筑的可持续性具有非常重要的意义,具有良好的经济和社会效益。

**6.4.7** 本条为新增条文。结合绿色建筑评价标准的要求,对室内外的装修材料和防水材料提出了耐久性的要求,材料的耐久性和使用年限的明确,体现了节约资源、保护环境的绿色建筑本质。

## 6.5 建筑安全与防护

**6.5.1** 本条为新增条文。保温材料及保温系统的选用与安全耐久有关,建筑设计应综合考虑保温材料性能及其与结构基层材料的相融和适应性,外墙保温有外保温、内保温、夹心保温、自保温、保温装饰一体等多种保温构造类型,外墙外保温并非是唯一的保温措施,高层建筑风荷载影响作用较大,应慎重选用外墙外保温技术,确需采用外墙外保温系统的建筑,应采用符合现行国家消防技术标准的材料和系统并制定防止保温层材料开裂、坠落的外保温系统设计、施工质量控制技术要点,且应有外保温系统质量保证的书面承诺。

**6.5.2** 本条为新增条文。成品门窗是工业化生产的建筑部品,提倡选用干法施工安装的成品外窗,是为了确保门窗的质量和气密性、水密性、抗风压和保温等物理性能。近年来,门窗坠落伤人的事故时有发生,这与使用者有关,更与设计者对门窗的五金配件的要求有关,为避免安全隐患,设计中不仅要提出与门窗尺度相匹配的五金配件要求,还宜根据门窗的类型采取防脱落的技术措施,如在开启窗扇一侧的墙上,设置安全挂钩及链条。设计中还可提出外窗开启的限位装置或儿童安全窗锁,防止儿童误开坠楼。

**6.5.3** 本条为新增条文。建筑对外出入口上方应设置雨棚或水平防护设施,避免上方高空坠物伤人。

**6.5.4** 本条为新增条文。地面防滑是安全性能的要求,现行行业标准《建筑地面工程防滑技术规程》JGJ/T 331 对不同场所的不同干湿状况,规定有不同的防滑等级,设计时应根据使用功能确定适宜的防滑等级,对楼地面面层材料提出防滑性能要求。

# 7 结构设计

## 7.1 一般规定

**7.1.3** 建筑方案宜优先选择规则、简洁的建筑形体,避免由建筑方案导致的结构不规则,进而增加结构复杂程度和结构材料用量。在建筑形体确定后,结构设计应对不规则的建筑按规定采取加强措施。

建筑形体主要指建筑平面形状和立面、竖向剖面的变化,按照现行国家标准《建筑抗震设计规范》GB 50011 的有关规定划分为规则、不规则、特别不规则和严重不规则。结构设计应与建筑专业协调配合,尽量避免不规则建筑形体,在满足安全和设计要求的前提下减少结构材料用量。

## 7.2 地基基础设计

**7.2.2** 根据上海地区的地质特点及工程经验,桩底及桩侧注浆可有效提高桩基承载力 1.4 倍~1.8 倍,此项技术可以大幅度减低材料用量;抗浮桩可只考虑桩侧后注浆。

**7.2.3** 根据现行上海市工程建设规范《地基基础设计标准》DGJ 08—11 规定,宜通过先期试桩确定单桩承载力设计值。通过先期试桩确定单桩承载力设计值,一方面,可以确保桩基具有足够的承载力;另一方面,先期试桩可加载至地基土破坏,能发挥桩基承载力的余量,符合绿色设计节材的精神。

**7.2.4** 对于以抗压设计为主的基础,地下水的浮力能平衡部分上部结构荷载,从而减小对地基基础的承载力需求,因此合理考虑地下水的有利作用,可降低地基基础的工程造价,节约资源,符合绿色设计节材的精神。

## 7.3　主体结构设计

**7.3.1**　采用基于性能的抗震设计并适当提高建筑的抗震性能指标要求,如针对重要结构构件采用"中震不屈服""中震弹性"及以上的性能目标,或者为满足使用功能而提出比现行标准要求更高的抗震设防要求(抗震措施、刚度要求等),可以提高建筑的抗震安全性及功能性;采用隔震、消能减震等抗震新技术,也是提高建筑的设防类别或提高抗震性能要求的有效手段。

对住宅建筑,一般剪力墙、框支剪力墙居多,可采用的抗震性能设计措施建议如下:

**1**　抗震设防要求高于国家和本市现行抗震规范的要求。如采用地震力放大系数不小于1.1、抗震构造措施提高一级、层间位移角限值不大于规范限值的90%以上等措施,均可适当提高建筑的抗震性能。

**2**　采用抗震性能化设计。如针对剪力墙底部加强区的约束边缘构件按"中震不屈服"、框支层的约束边缘构件按"中震弹性"、框支柱及框支梁按"中震弹性"设计等,均可适当提高建筑的抗震性能。

**7.3.2**　对于混凝土结构,按照现行国家标准《混凝土结构耐久性设计标准》GB/T 50476要求,结合所处的环境类别、环境作用等级,按对应设计使用年限100年的相应要求(钢筋保护层、混凝土强度等级、最大水胶比等)进行混凝土结构设计和材料选用。对于钢构件,可相应采取比现行规范标准更严格的防护措施,如适当提高防护厚度、提高防护时间、采用耐候结构钢及耐候型防腐涂料等,并定期检修。对木构件,可采用防腐木材或其他耐久木材或耐久木制品。结构施工图设计文件应有相关设计说明和性能要求。

**7.3.4** 采用高强度结构材料,可减小构件的截面尺寸及材料用量,同时也可减轻结构自重,减小地震作用及地基基础的材料消耗。

在竖向承重构件中,采用 C50 以上的高强混凝土有利于减小竖向承重构件的截面尺寸,减少混凝土用量。由于结构设计时需满足刚度、最小构件截面尺寸等规范限值的规定,对于多层建筑和高度不是很高的高层建筑,竖向承重结构中采用高强混凝土,难以充分发挥材料强度。考虑到材料的合理利用,参考江苏、浙江等地方的绿色建筑设计标准,增加了结构高度的规定。

混凝土结构中的受力钢筋,包括梁、柱、墙、板、基础等构件中的纵向受力筋及箍筋。

**7.3.5** 钢结构的连接方法可分为焊缝连接、螺栓连接和铆钉连接等。其中,节点的螺栓连接包含全螺栓连接和栓焊混合连接。

## 7.4 装配式建筑

**7.4.2** 按照本市《关于进一步明确装配式建筑实施范围和相关工作要求的通知》(沪建建材〔2019〕97 号),本市目前对于装配式建筑指标要求为"建筑单体预制率不低于 40％或单体装配率不低于 60％"。上海市工程建设规范《绿色建筑评价标准》DG/TJ 08—2090—2020 中规定,对预制率不低于 45％或装配率不低于 65％的装配式混凝土建筑有加分鼓励。

# 8 给水排水设计

## 8.1 一般规定

**8.1.1** 住宅小区可充分利用基地内的雨水、河道水、再生水等非传统水,收集小区内或屋面的雨水,经过处理后水质达到使用标准,可用作浇洒绿化、景观水池补水、冲洗道路等。若住宅小区周边有可利用的河道水,经过有关部门的批准,可利用河道水浇洒绿化、景观水池补水、冲洗道路等。

**8.1.2** 绿色建筑即为在全寿命内,节约资源、保护环境、减少污染,为人们提供健康、适用、高效的适用空间,最大限度地实现人与自然和谐共生的高质量建筑。绿色性能涉及建筑安全耐久、健康舒适、生活便利、资源节约(节地、节能、节水、节材)和环境宜居等方面的综合性能。供居民使用的给水、热水、排水和卫生设施直接影响人们身体健康、适用和舒适,故给排水系统设计应在满足安全、卫生、适用、经济的基础上考虑最大限度地节约资源,达到高效、低耗、节水、减排目的。

**8.1.3** 所有用水器具均应采用节水器具。节水器具应符合现行国家标准《节水型产品通用技术条件》GB/T 18870 及现行行业标准《节水型生活用水器具》CJ/T 164 的要求。

**8.1.4** 水质检测取样点按照现行国家标准《生活饮用水卫生标准》GB 5749、《城市污水再生利用　景观环境用水》GB/T 18921、《城市污水再生利用　景观环境用水》GB/T 25499 和现行行业标准《二次供水工程技术规程》CJJ 140、《饮用净水水质标准》CJ 94 的规定,一般在用水端龙头出水点、水池(箱)出水口设水质检测取样点。

水质自动监测系统一般包括取样系统、预处理系统、数据采集与控制系统、在线监测分析仪表、数据处理与传输系统及远程数据管理中心。

水质检测指标,如浊度、余氯、pH值、电导率(TDS)等,直饮水可不监测浊度、余氯。水质监测的关键性位置和代表性测点包括水源、水处理设施出水及最不利用水点。

## 8.2 给水系统

**8.2.1** 根据现行国家标准《建筑给水排水设计标准》GB 50015 中住宅最高日生活用水定额和《民用建筑节水设计标准》GB 50555 中住宅平均日用水定额,结合现行上海市工程建设规范《住宅设计标准》DGJ 08—20 设计要求,制定了本市住宅最高日用水定额和平均日用水定额。

**8.2.2** 供水管材及管配件必须符合现行产品标准的要求,应考虑其耐腐蚀性能,连接方便可靠,接口耐久不渗漏。本条规定包括室内外给水管道、配件和阀门。

自动远传水表相较于传统的普通机械水表增加了信号采集、数据处理、存储及数据上传功能,可以自动实时地将计量数据上传给管理系统,并对数据进行统计和分析。

**8.2.3** 本条根据现行国家标准《民用建筑节水设计标准》GB 50555 中要求各用水点处供水压力不大于 0.2 MPa 的规定制定。采用减压阀可以减静压和动压,减压孔板只能减动压。

**8.2.4** 水泵是耗能设备,应该通过计算确定水泵的流量和扬程,合理选择通过节能认证的水泵产品,减少能耗。水泵节能产品认证书由中国节能产品认证中心颁发。

给水泵节能评价值是按照国家标准《清水离心泵能效限定值及节能评价值》GB 19762—2007 的规定进行计算、查表确定的。泵节能评价值是指在标准规定测试条件下,满足节能认证要求应达到的泵规定点的最低效率。为方便设计人员选用给水泵时了解泵的节能评价值,参照《建筑给水排水设计手册》中 IS 型单级单吸水泵、TSWA 型多级单吸水泵和 DL 型多级单吸水泵的流量、扬程、转速数据,通过计算和查表,得出给水泵节能评价值,见表 4～表 6。通过计算发现,同样的流量、扬程情况下,2 900 r/min 的水泵比 1 450 r/min 的水泵效率要高,建议除对噪声有要求的场合,宜选用转速 2 900 r/min 的水泵。

### 表 4 IS 型单级单吸给水泵节能评价值

| 流量 (m³/h) | 扬程 (m) | 转数 (r/min) | 节能评价值(%) | 流量 (m³/h) | 扬程 (m) | 转数 (r/min) | 节能评价值(%) |
|---|---|---|---|---|---|---|---|
| 12.5 | 20 | 2 900 | 62 | 60 | 24 | 2 900 | 78 |
| | 32 | 2 900 | 56 | | 36 | 2 900 | 76 |
| 15 | 21.8 | 2 900 | 63 | | 54 | 2 900 | 73 |
| | 35 | 2 900 | 57 | | 87 | 2 900 | 67 |
| | 53 | 2 900 | 51 | | 133 | 2 900 | 60 |
| 25 | 20 | 2 900 | 71 | 100 | 20 | 2 900 | 80 |
| | 32 | 2 900 | 67 | | 32 | 2 900 | 80 |
| | 50 | 2 900 | 61 | | 50 | 2 900 | 78 |
| | 80 | 2 900 | 55 | | 80 | 2 900 | 74 |
| 30 | 22.5 | 2 900 | 72 | | 125 | 2 900 | 68 |
| | 36 | 2 900 | 68 | 120 | 57.5 | 2 900 | 79 |
| | 53 | 2 900 | 63 | | 87 | 2 900 | 75 |
| | 84 | 2 900 | 57 | | 132.5 | 2 900 | 70 |
| | 128 | 2 900 | 52 | 200 | 50 | 2 900 | 82 |
| 50 | 20 | 2 900 | 77 | | 80 | 2 900 | 81 |
| | 32 | 2 900 | 75 | | 125 | 2 900 | 76 |
| | 50 | 2 900 | 71 | 240 | 44.5 | 2 900 | 83 |
| | 80 | 2 900 | 65 | | 72 | 2 900 | 82 |
| | 125 | 2 900 | 59 | | 120 | 2 900 | 79 |

注:表中列出节能评价值大于 50% 的水泵规格。

表5　TSWA型多级单吸离心给水泵节能评价值

| 流量<br>(m³/h) | 单级扬程<br>(m) | 转数<br>(r/min) | 节能评价<br>值(%) | 流量<br>(m³/h) | 单级扬程<br>(m) | 转数<br>(r/min) | 节能评价<br>值(%) |
|---|---|---|---|---|---|---|---|
| 15 | 9 | 1 450 | 56 | 72 | 21.6 | 1 450 | 66 |
| 18 | 9 | 1 450 | 58 | 90 | 21.6 | 1 450 | 69 |
| 22 | 9 | 1 450 | 60 | 108 | 21.6 | 1 450 | 70 |
| 30 | 11.5 | 1 450 | 62 | 119 | 30 | 1480 | 68 |
| 36 | 11.5 | 1 450 | 64 | 115 | 30 | 1480 | 72 |
| 42 | 11.5 | 1 450 | 65 | 191 | 30 | 1480 | 74 |
| 62 | 15.6 | 1 450 | 67 | | | | |
| 69 | 15.6 | 1 450 | 68 | | | | |
| 80 | 15.6 | 1 450 | 70 | | | | |

表6　DL多级离心给水泵节能评价值

| 流量(m³/h) | 单级扬程(m) | 转数(r/min) | 节能评价值(%) |
|---|---|---|---|
| 9 | 12 | 1 450 | 43 |
| 12.6 | 12 | 1 450 | 49 |
| 15 | 12 | 1 450 | 52 |
| 18 | 12 | 1 450 | 54 |
| 30 | 12 | 1 450 | 61 |
| 35 | 12 | 1 450 | 63 |
| 32.4 | 12 | 1 450 | 62 |
| 50.4 | 12 | 1 450 | 67 |
| 65.16 | 12 | 1 450 | 69 |
| 72 | 12 | 1 450 | 70 |
| 100 | 12 | 1 450 | 71 |
| 126 | 12 | 1 450 | 71 |

　　泵节能评价值计算与水泵的流量、扬程、比转数有关,故当采用其他类型的水泵时,应按照现行国家标准《清水离心泵能效限

定值及节能评价值》GB 19762 的规定进行计算、查表确定泵节能评价值,当流量、扬程、转数相同时,可以参照表中数据。

水泵比转速按下式计算:

$$n_s = \frac{3.65n\sqrt{Q}}{H^{3/4}}$$

(8-1)

式中:$n_s$——比转数,无量纲;

$\quad\quad n$——转速(r/min);

$\quad\quad Q$——流量($\mathrm{m^3/s}$)(双吸泵计算流量时取 $Q/2$);

$\quad\quad H$——扬程(m)(多级泵计算取单级扬程)。

按照现行国家标准《清水离心泵能效限定值及节能评价值》GB 19762 规定,查图、表,计算泵规定点效率值、泵能效限定值和节能评价值。

工程项目中所应用的给水泵的泵节能评价值应由给水泵供应商提供,其值不能小于现行国家标准《清水离心泵能效限定值及节能评价值》GB 19762 的限定值。

**8.2.5** 为保证生活饮用水水质,对储水设施作出规定,并要求设置消毒装置,优先采用物理消毒方式。

**8.2.6** 浇洒绿化年用水定额引用现行国家标准《民用建筑节水设计标准》GB 50555 规定编制。上海属南方地区,多采用暖季型草坪。

最高日绿化浇灌用水定额参照现行国家标准《建筑给水排水设计标准》GB 50015 规定编制。

**8.2.7** 绿化浇洒应采用高效节水灌溉方式,为方便管理和降低浇灌设备的能耗,绿化浇洒可分块、分区域施行。一般浇洒管道管径不大于 DN50。微喷灌、滴灌、渗灌、低压管灌均属于微灌范畴。

## 8.3 生活热水

**8.3.1** 生活热水通过沐浴、洗漱等与人体直接接触,其原水水质应符合现行国家标准《生活饮用水卫生标准》GB 5749 和上海市地方标准《生活饮用水水质标准》DB31/T 1091 的规定。为保证用水末端的热水水质,采用无滞水区的水加热器,控制热水出水温度为 55 ℃~60 ℃,选用不生锈、不结垢的优质管材及阀门,保证集中热水系统管道的循环效果。

**8.3.2** 设计人员应遵照《上海市建筑节能条例》等的规定,在设计生活热水系统时采用太阳能等可再生能源。

**8.3.3** 住宅建筑太阳能热水系统,可以采用分散集热分散供热方式、集中集热分散供热方式和集中集热集中供热方式,要求与建筑专业、结构专业配合,做到与建筑一体化。太阳能集热器安装面积应当满足太阳能热水的需求,单块集热器(板)尺寸一般为 2 m×1 m,安装面积宜为 2 m² 的整数倍。辅助热源一般采用电或燃气;当采用燃气时,管道敷设的位置应符合上海市工程建设规范《住宅设计标准》DGJ 08—20、《城市煤气、天然气管道工程技术规程》DGJ 08—10 的规定和要求。

平均日热水定额是参照现行国家标准《建筑给水排水设计标准》GB 50015 中规定的热水用水定额和《民用建筑节水设计标准》GB 50555 中规定的热水平均日节水用水定额编制。

冷水的初始温度采用 15 ℃ 是取上海地区年平均自来水温度。

**8.3.4** 为减少"无效冷水"流失,并达到使用舒适的目的作出的规定。当热水给水支管长度超过 8 m 时,可采用支管自调控电伴热措施。

## 8.4 非传统水处理利用及雨水控制

**8.4.2** 利用非传统水的项目,水处理系统需满足不同水质要求,经过技术经济比较,可采用同一处理系统按最高水质标准处理后统一供水,或根据各种用途水质要求分别处理分质供水。冲厕、绿化浇灌、洗车、道路浇洒,其水质应满足现行国家标准《城市污水再利用　城市杂用水水质》GB/T 18920 的要求。景观水体补水,其水质应符合现行国家标准《城市污水再利用　景观环境用水水质》GB/T 18921 的要求。

当利用非传统水浇洒绿化、景观补水、洗车时,宜采用变频调速供水方式。

**8.4.3**　本条为强制性条文,根据现行国家标准《建筑中水设计标准》GB 50366 编制。使用非传统水应注意用水安全,必须有可靠的安全措施的要求。为了防止误饮误用,在非传统水水池(箱)、阀门、水表及给水栓、取水口处应设置有明显的耐久性标志,对非传统水水嘴、用水口要上锁,防止误饮。

雨水回用供水系统的防护措施应符合国家标准《建筑与小区雨水控制及利用工程技术规范》GB 50400—2016 第 7.3.9 条(强制性条文)的规定:雨水供水管道上不得装设取水龙头,并应采取下列防止误接、误用、误饮的措施:

**1**　雨水供水管外壁应按设计规定涂色或标识;

**2**　当设有取水口时,应设锁具或专门开启工具;

**3**　水池(箱)、阀门、水表、给水栓、取水口均应有明显的"雨水"标识。

**8.4.4**　本条规定根据现行上海市工程建设规范《绿色建筑评价标准》DG/TJ 08—2090 的相关内容编制。

**8.4.5**　本条依据上海市工程建设规范《绿色建筑评价标准》DG/TJ 08—2090—2020 第 8.2.5 条规定编制。给水排水设计人员应配合建筑专业、景观专业设计地表径流和屋面径流,采取屋顶绿化、透水铺装等措施降低地表径流量,可利用下凹式绿地(可调节蓄水量的下沉深度大于 100 mm 的下凹式绿地面积可参与计算)、植草沟、雨水花园和雨水调蓄池等绿色雨水基础设施控制雨水外排总量。上海地区地下水位高,土壤属黏土性,入渗率低,不适合采用渗井、渗管渠技术。

可以结合《上海市人民政府办公厅关于转发市住房城乡建设管理委制订的〈上海市海绵城市规划建设管理办法〉的通知》（沪府办〔2018〕42号）、现行上海市工程建设规范《海绵城市建设技术标准》DG/TJ 08—2298进行年径流总量控制率、年径流污染控制率设计。

本市年径流总量控制率对应的设计降雨量见表7。

**表7　本市年径流总量控制率对应的设计降雨量**

| 控制率(%) | 60 | 70 | 75 | 80 | 85 |
|---|---|---|---|---|---|
| 设计降雨量(mm) | 13.4 | 18.7 | 22.2 | 26.7 | 33.0 |

注：表格数据来源于国家标准《建筑与小区雨水控制及利用工程技术规范》GB 50400—2016第3.1.2条条文说明表1。

**8.4.6**　对于场地雨水径流控制及利用应与海绵型建设设计相结合。《关于印发〈绿色建筑节水和水资源利用技术指南〉的通知》（沪建市管〔2017〕82号）中要求应同时考虑径流总量控制和径流峰值控制。径流峰值控制应按国家标准《建筑与小区雨水控制及利用工程技术规范》GB 50400—2016中雨水径流总量的计算：

$$W = 10(\Psi_c - \Psi_o)h_y F$$

式中：$W$——需控制及利用的雨水径流总量（m³）；

$\Psi_c$——雨量径流系数；按照国家标准《建筑与小区雨水控制及利用工程技术规范》GB 50400—2016表3.1.4取值；

$\Psi_o$——控制径流峰值所对应的径流系数，应符合当地规划控制要求；

$h_y$——设计日降雨厚度（mm），见表8；

$F$——硬化汇水面面积（hm²），应按硬化汇水面水平投影面积计算。

表 8  本市降雨资料

| 站名 | 年均降雨量（mm） | 年均最大月降雨量(mm) | 一年一遇日降雨量(mm) | 两年一遇日降雨量(mm) |
|---|---|---|---|---|
| 上海龙华 | 1 134.6 | 225.3(8 月) | 55.7 | 86.8 |

注:表格数据来源于国家标准《建筑与小区雨水控制及利用工程技术规范》GB 50400—2016 附录 A。

## 8.5  节水器具与计量

**8.5.1**  绿色建筑鼓励选用更高节水性能的节水器具。根据现行国家标准《水嘴水效限定值及水效等级》GB 25501、《坐便器水效限定值及水效等级》GB 25502、《淋浴器水效限定值及水效等级》GB 28378 的等级划分,结合现行行业标准《节水型生活用水器具》CJ 164 的规定,编制了本标准水嘴的用水效率等级、坐便器水效等级和淋浴器水效等级标准。《节水型生活用水器具》CJ 164规定:节水型坐便器,一次冲洗用水量不大于 5L,产品宜采用大、小便分档冲洗的结构。节水型水嘴、节水型淋浴器喷头应在水压0.1 MPa 和管径 15 mm 下,最大流量不大于 0.15 L/s。

各卫生器具水效等级标准如下:

**1**  现行国家标准《水嘴水效限定值及水效等级》GB 25501规定,在(0.10±0.01)MPa 动压下,以表 9 中的水嘴流量(带附件)判定水嘴的水效等级。

表 9  水嘴水效等级指标

| 水效等级 | 1 级 | 2 级 | 3 级 |
|---|---|---|---|
| 流量(L/s) | 0.100 | 0.125 | 0.150 |

**2**  现行国家标准《坐便器水效限定值及水效等级》GB 25502规定,在供水压力不大于 0.6 MPa 条件下,以表 10 中的坐便器的平均用水量判定其水效等级。

表 10 坐便器水效等级指标(单位:L)

| 坐便器水效等级 | 1 级 | 2 级 | 3 级 |
|---|---|---|---|
| 坐便器平均用水量 | ≤4.0 | ≤5.0 | ≤6.4 |
| 双冲坐便器全冲用水量 | ≤5.0 | ≤6.0 | ≤8.0 |

注:每个水效等级中双冲坐便器的半冲平均用水量不大于其全冲用水量最大限定值的 70%。

**3** 现行国家标准《淋浴器水效限定值及水效等级》GB 28378 规定,在(0.10±0.01)MPa 动压下,以表 11 判定淋浴器的水效等级。

表 11 淋浴器用水效率等级指标

| 水效等级 | 1 级 | 2 级 | 3 级 |
|---|---|---|---|
| 流量(L/s) | 0.08 | 0.12 | 0.15 |

由于节水型洁具排水量减小,需要考虑排水管道的排水顺畅,要求排水横管坡度采用通用坡度。建筑排水铸铁管采用柔性接口,管道坡度可以根据通用坡度进行调整。采用粘接连接的硬聚氯乙烯(PVC-U)管、热熔连接高密度聚乙烯(HDPE)管,其三通、弯头配件的夹角为 88.5°,排水横支管的标准坡度应为 0.026,无法调整坡度。当采用胶圈密封接口的塑料排水管可以调整为通用坡度。

**8.5.2** 全装修住宅卫生器具、管道安装到位,有条件采用节水型的卫生器具及水嘴等。可选用下列节水器具:大、小便分档冲洗节水型坐便器;水温调节器、节水型淋浴头等节水淋浴装置;加气式节水水嘴等。

**8.5.3** 本条规定了同层排水的设计原则。①地漏在同层排水中较难处理,为了排除地面积水,地漏应设置在易溅水的卫生器具附近,既要满足水封深度又要有良好的水力自清流速。②为了使排水通畅,排水管管径、坡度、设计充满度均应符合现行国家标准《建筑给水排水设计标准》GB 50015 的有关规定。③埋设于填层中的管道接口应严密,不得渗漏且能经受时间考验,推荐采用粘接或熔接的管道连接方式,宜采用 HDPE 管材,热熔连接。胶圈密封在填层中受压变形易产生渗漏。④卫生器具排水性能与其排水口至排水横支管之间落差有关,过小的落差会造成卫生器具排水滞留。

**8.5.4** 除每个居住单元应设置水表计量外,公共部位用水也应按使用功能分别设置水表计量,如物业用房、垃圾房等。

**8.5.5** 非传统水用水也需要计量,对绿化浇洒、景观水体补水等用水需要分别设置计量水表。

# 9 供暖、通风和空调设计

## 9.1 一般规定

**9.1.1** 负荷计算是供暖与空调设计的基础,涉及投资与用能,因此在国家暖通空调规范和节能设计标准中都作为强制性条文要求。当住宅建筑进行供暖空调设计时,必须按规范要求进行负荷计算,并应考虑住宅空调因间歇使用与户间传热所需附加的负荷。

空调负荷计算所采用的围护结构热工参数等基础数据应与其他相关专业协调一致。

要说明的是,本条规定仅适用于全装修房的暖通空调设计,毛坯房不适用;当工程项目仅作空调设备及电气容量的预留设计,或仅安装房间空调器时,可采用冷、热指标法估算空调负荷值。

**9.1.2** 制定本条文的目的是为了防止盲目选择暖通空调设备而造成的巨大浪费。集中空调系统冷热源设备容量的确定应以设计工况下的计算冷、热负荷为依据;水泵、风机的选择应以计算流量、风量和需要的扬程、风压数据为依据;房间空调器、多联式空调热泵机组的选择也应以房间计算负荷为依据。

**9.1.3** 为保证空调房间的舒适性,合理使用能源,暖通空调的室内空气设计计算参数应符合现行国家标准《民用建筑供暖通风与空气调节设计规范》GB 50736 的规定;住宅建筑室内环境设计计算参数主要是指房间设计温度、相对湿度及采用集中空调系统时的房间新风量。主要房间温湿度可以参照表 12 取用,最小新风量宜按换气次数法确定见表 13。

要说明的是,本条规定仅适用于全装修房的暖通空调设计,毛坯房不适用。

**表 12　住宅建筑室内设计参数**

| 类别 | | 温度(℃) | 相对湿度(%) | 风速(m/s) |
|---|---|---|---|---|
| 空调 | 供热工况 | 18~22 | — | ≤0.2 |
| | 供冷工况 | 24~28 | ≤70 | ≤0.3 |
| 供暖(主要房间) | | 16~22 | — | — |

**表 13　住宅建筑设计最小换气次数**

| 人均居住面积 $F_p$(m$^2$) | 换气次数(h$^{-1}$) |
|---|---|
| $F_p \leqslant 10$ | 0.70 |
| $10 < F_p \leqslant 20$ | 0.60 |
| $20 < F_p \leqslant 50$ | 0.50 |
| $F_p > 50$ | 0.45 |

## 9.2　冷热源

**9.2.1**　住宅建筑通常不宜采用集中供暖空调系统,但具有电厂或其他工业余热、废热时,为防止浪费,且经技术经济比较合理时,应充分利用这些废热。当具有废热蒸汽、烟气或不低于 80 ℃ 的废热热水可利用时,夏季宜采用吸收式机组制冷,冬季可用于供暖。溴化锂吸收式机组性能参数应符合现行上海市工程建设规范《公共建筑节能设计标准》DGJ 08—107 的相关要求。

采用可再生能源可提高节能减排效果,但也会增加投资,并会受到众多因素的影响,如建筑物、场地、水体、地质、投资、管理、收益等,因此必须经详细的技术经济分析后确定。

虽然本市有分时电价政策,可为用户节省空调系统的运行费用,提高电厂和电网的综合效率,但对于住宅建筑,往往晚上是空调用电高峰,与低谷电蓄能方式矛盾。因此,如何合理采用蓄能空调方式是设计人员必须仔细斟酌的。

**9.2.2** 合理利用能源、提高能源利用率、节约能源是我国的基本国策。高品位的电能直接转换为低品位的热能进行供暖或空调,热效率低,运行费用高,因此必须严格限制这种"高质低用"电直接加热的能源转换利用方式。对于一些特殊的建筑,除符合下列情况之一外,不得采用电能直接作为供暖、空调系统的热源和空气加湿的热源:

　　**1** 夜间利用低谷电进行蓄热,且不在昼间用电高峰时段和平时段启用电热锅炉。

　　**2** 利用可再生能源发电,且其发电量能够满足直接电热用量需求。

**9.2.3** 房间空调器、单元式空调机、多联式空调热泵机组是居住建筑空调系统的主要耗能设备,其性能系数很大程度上决定了能耗的多少。因此,这些设备选用时必须满足现行上海市工程建设规范《居住建筑节能设计标准》DGJ 08—205 的节能评价值要求。满足节能评价值是最基本要求,如希望达到更好的节能效果,或者是要满足更高的绿色建筑星级要求,就应根据现行绿色建筑评价标准的规定,进一步提高这些空调设备(分体空调器除外)的性能系数。

**9.2.4** 上海市工程建设规范《居住建筑节能设计标准》DGJ 08—205—2015 规定:户式燃气供暖热水炉的热效率不应低于 88%;燃油或燃气锅炉的额定热效率不应低于表 14 中的限定值。

表 14　锅炉额定热效率

| 锅炉容量(MW) | 限定值(%) | |
|---|---|---|
| | ≤1.4 | >1.4 |
| 燃油、燃气锅炉 | 88 | 90 |

**9.2.5** 上海地区的住宅建筑,绝大多数采用空气源热泵空调机组,此类机组的室外机(或室外换热装置)位置设置合理与否会对机组运行效率影响极大,甚至会影响正常运行。在防止室外机的吸入与排出空气短路的情况中,除需要防止自身机组产生短路情况外,还需要防止其他室外机或设备的排风对本机组的影响,如在高层建筑的凹立面中就不宜统一设置室外机。由于空调室外机有检修与更换要求,故设计时应保证有检修空间。

**9.2.6** 住宅建筑的集中供暖与空调系统是指多个住宅用户共同使用一套空调冷热源的系统,或整栋、多栋住宅楼使用一套供暖与空调冷热源。这种系统必须保证供暖与空调期间集中冷热源设备 24h 运行。实践证明,由于住宅建筑中居民的舒适度要求和使用观念的差异,系统同时使用率长时间处于较低状态,会造成系统运行效率低下,收费矛盾大的情况。不提倡在住宅楼中设置集中供暖与空调系统。

供暖、空调系统的合理划分,是保证系统处于部分冷热负荷时高效率运行的必要条件。

**9.2.7** 住宅建筑空调系统绝大部分时间是在部分负荷状态下运行,当设置集中空调冷热源时,必须考虑在部分负荷条件下冷热源机组运行的经济性,通常可采用大小机组搭配的方法。当因机房面积限制,只能设置一台机组时,应采用多台压缩机分路联控的机型或模块化机组。

集中空调冷热源机房设计中,根据负荷变化制定调节制冷(热)量的控制策略是绿色设计中精细化设计的重要内容,可用于指导用户实现全年冷热源优化运行。

### 9.3 输配系统

**9.3.1** 分体式空调机组包括室内、外机一对一的分体空调机组与多对一的多联式空调(热泵)系统,它们的室内、外机都需要用制冷剂管道进行连接,但过长的连接管道会影响空调设备的运行效率,甚至不能正常工作。虽然多联式空调(热泵)系统的室内、外机的连接管道可以很长,但为满足制冷工况下满负荷性能系数不低于 2.8,按目前市场上采用 R410a 制冷剂多联机的技术性能,其制冷剂管道的最大长度通常不应超过 90 m。

**9.3.2** 本条文的内容是保证集中空调水系统的输送效率和空调使用效果的基本要求。

低温废热是指不利用热泵而直接用于空调热水系统时,无法获得足够高的供水温度和 10 ℃供回水温差的废热源。依据这个原则,当低温废热能够直接用于空调水系统的热水时,根据常用空调末端设备换热能力计算,可以得到供回水温度约为 42 ℃/32 ℃;如需要通过换热后再使用时,低温废热通常是指温度不高于 44 ℃左右的热源。

**9.3.3** 本条适用于设有集中通风、空调系统。住宅建筑集中供暖、空调冷热源利用余热、废热或地下连片停车库采用机械通风系统时,往往采用的是集中通风、空调方式,通风、空调风系统的最大单位风量耗功率的要求见上海市工程建设规范《公共建筑节能设计标准》DGJ 08—107—2015 第 4.3.8 条;集中供暖热水循环系统的耗电输热比见该标准的第 4.2.6 条;冷热水循环系统的耗电输热比见该标准的第 4.4.7 条。当绿色建筑需要获得更高星级时,应采取措施将冷热水循环系统的耗电输热比 EC(H)R 值进一步降低。

本条是对应现行上海市工程建设规范《绿色建筑评价标准》DG/TJ 08—2090 的相关要求设置。

**9.3.4** 本条是对应现行国家标准《绿色建筑评价标准》GB 50378 的相关要求而增加。

水泵和风机都是耗能设备,应该通过计算确定水泵(风机)的流量(风量)和扬程(风压),合理选择通过节能认证的产品,减少能耗。水泵和风机的节能产品认证书由中国节能产品认证中心颁发。循环水泵节能评价值是按照现行国家标准《清水离心泵能效限定值及节能评价值》GB 19762 的规定进行计算、查表确定。风机节能评价值是针对风量大于 10 000 m³/h 的风机,应按照现行国家标准《通风机能效限定值及能效等级》GB 19761 的规定进行计算、查表确定。

## 9.4　末端设备

**9.4.1**　本条是对应现行国家标准《绿色建筑评价标准》GB 50378 的相关要求而增加。室内气流组织直接影响室内空气调节使用效果,关系着房间生活区的温湿度基数、精度及区域温差。只有合理的气流组织才能有效地消除室内的余热余湿,提高舒适度。

**9.4.2**　本条是对应现行国家标准《绿色建筑评价标准》GB 50378 的相关要求而增加。该条实施时,室内应防止送风气流直接被排风口吸走,造成送排风短路;通常为了保证有合理的气流组织,可以将空气从清洁区(人员主要活动区)流向污浊区;通常起居室、卧室是人员经常性活动场所,新风应补充在这些房间或位置,而卫生间、厨房等产生的污浊空气应直接排到室外,形成合理的气流流向。

**9.4.3**　对于舒适度要求高、运行时间较长的空调系统,排风热回收具有一定的节能作用,并能改善室内空气品质。由于排风热回收系统会消耗一定的能量,同时对管理有一定的要求,不合理的设计反而会使全年能耗远高于回收的能量。通常,若新风与排风的温度差不超过 15 ℃,无空调、供暖或新风系统的建筑,或其他情况下能量投入、产出收益不合理时,可不设置排风热回收系统(装置)。在国家绿色建筑评价标准中,属这些情况可认定该条不参评。

**9.4.4**　民用建筑空调系统的空气处理主要包括空气冷却(或伴随除湿)、加热、加湿、净化等的处理。国家标准《民用建筑供暖通风与空气调节设计规范》GB 50736—2012 在第 7.5 节的空气处理条文内容中,对空气冷却装置的选择、空气冷却器应用条件、制冷剂选择、空气加热器选择、空气过滤器的设置、空气净化装置的确定和设置要求等都作了规定,设计中应满足这些规定。

**1** 条件适用时,利用直接或间接蒸发冷却装置对空气进行冷却。

**2** 在空气处理机组中采用中效过滤器。

**3** 潮湿空气条件下的抑菌措施。

**4** 空气过滤采用高效低阻过滤器,如:过滤效率高而空气阻力很小的静电过滤器(但不能产生臭氧污染)。

**5** 利用无动力的热管技术处理排风能量回收或用于新风机组的热湿处理过程。

**9.4.6** 本条为新增条文,是为了避免排风的污浊气体影响到吸入的室外空气的洁净度。根据行业标准《住宅新风系统技术标准》JGJ/T 440—2018 要求,室外新排风口同一高度布置时宜在不同方向设置,相同方向时,间距不小于 1 m;垂直布置时,新风口在下,排风口在上,间距不小于 1 m。当建筑平面布置有条件时,应尽可能拉大这一距离。

住宅新风净化处理设计通常采用过滤处理。过滤设备应根据当地室外空气品质选择,主要控制目标是 $PM_{2.5}$。有条件时,宜对室内外的 $CO_2$ 与 $PM_{2.5}$ 浓度进行监测。

## 9.5 计量与控制

**9.5.1** 供暖空调房间设置室温调控是保证舒适性与节能的重要手段。近年来,随着人们生活质量的提高与供暖技术与产品的发展,越来越多的居住建筑采用了冬季舒适性更好的散热器及地面辐射供暖系统,这时手动控制室温已无法满足使用要求,因此要求对散热器及辐射供暖系统安装自动温度控制阀。

**9.5.2** 采用机械通风的地下车库设置与排风设备联动的一氧化碳监测装置,是为了保证地下车库污染物浓度符合有关标准的规定,同时也可节约风机运行能耗。设置时,要求一个防火分区至少设置一个一氧化碳监测点,并与通风系统联动。也可根据设定的时间段(如早上与下班时段)运行通风系统,虽然具有改善卫生条件和节能的需求,但在评价时未能满足绿色建筑对空气质量监控的要求,不能得分。

# 10 电气设计

## 10.1 一般规定

**10.1.3** 国家标准《建筑照明设计标准》GB 50034—2013 第 6.3.1 条中规定的现行值是绿色建筑的控制项规定。参考灯具的现实参数，全装修住宅照明设计采用目标值较易实现。表 15 为照明功率密度的现行值和目标值。

**表 15 住宅建筑每户照明功率密度限值**

| 房间或场所 | 照度标准值(lx) | 照明功率密度现行值（W/m²） | 照明功率密度目标值（W/m²） |
|---|---|---|---|
| 起居室 | 100 | 6 | 5 |
| 卧室 | 75 | | |
| 餐厅 | 150 | | |
| 厨房 | 100 | | |
| 卫生间 | 100 | | |
| 车库 | 30 | 2 | 1.8 |

**10.1.4** 国家标准《建筑照明设计标准》GB 50034—2013 第 5.2.1 条中规定的室内照度、一般显色指数等照明标准值是绿色建筑的控制项要求，详见表 16。

**表 16 照明标准值**

| 房间或场所 | | 参考平面及其高度 | 照度标准值(lx) | $R_a$ |
|---|---|---|---|---|
| 起居室 | 一般活动 | 0.75 m 水平面 | 100 | 80 |
| | 书写、阅读 | | 300 * | |

续表16

| 房间或场所 | | 参考平面及其高度 | 照度标准值(lx) | $R_a$ |
|---|---|---|---|---|
| 卧室 | 一般活动 | 0.75 m 水平面 | 75 | 80 |
| | 床头、阅读 | | 150* | |
| 餐厅 | | 0.75 m 餐桌面 | 150 | 80 |
| 厨房 | 一般活动 | 0.75 m 水平面 | 100 | 80 |
| | 操作台 | 台面 | 150* | |
| 卫生间 | | 0.75 m 水平面 | 100 | 80 |
| 电梯前厅 | | 地面 | 75 | 60 |
| 走道、楼梯间 | | 地面 | 50 | 60 |
| 车库 | | 地面 | 30 | 60 |

注：* 指混合照明照度。

**10.1.5** 住宅建筑的公共场所和部位的照明系统(包括路灯、庭院灯等户外照明系统)配置定时或光控、声控等设施,可以合理控制照明系统的开关,在保证使用的前提下同时达到节能的目的。

无人值守的电梯厅、门厅等人员短暂停留的场所,照明可采用不小于 5 min 的延时控制。楼梯间、走廊等人员流动场所,照明可采用不小于 60 s 的延时控制。汽车库、自行车库照明可采用具有人体识别、车体识别等功能的智能控制装置。

**10.1.7** 本条是对垂直电梯系统的节能控制措施的要求。对垂直电梯,应具有群控、变频调速拖动、能量再生回馈等至少一项技术,实现垂直电梯节能。

## 10.2 供配电系统

**10.2.1** 公共电网通常比用户自备的电源更为经济也更为可靠,因此正常情况下住宅建筑应把公共电网作为常用电源。当住宅建筑所处环境适合应用太阳能发电、风力发电、潮汐发电和地热发电等绿色能源时,可通过技术经济分析确定是否采用此类技术。

**10.2.2** 太阳能发电、风力发电等系统一旦处理不当,就容易造成对景观的不良影响,如果安装不当还会造成高空坠物等安全隐患。风力发电还必须注意噪声问题。

**10.2.3** 应根据可再生能源发电系统与公共电网的联网方式采取相应的保护措施,相关措施须得到供电部门的认可。

## 10.3 计量与控制

**10.3.1** 公共部位的用电负荷通常包括公共部位通风及照明设备、电梯、空调设施、雨水利用设施、生活及消防水泵、公共充电设备等。

**10.3.2** 住宅建筑的公共机电设备宜自带自控装置,也可以另配自控装置。

**10.3.3** 空调系统的自控装置宜由空调设备配套提供。目前可在公共车库区域通过一氧化碳浓度探测来联动控制新、排风机。随着技术的不断发展,会有更多更有效的措施。采用自动控制系统,便于物业集中管理。

**10.3.4** 如果周界防范系统(电子围栏等)与周界照明设备联动,则周界照明可在夜间关闭。一旦周界防范系统发出报警信号,就自动开启相关照明设备。

## 10.4 照明系统

**10.4.1** 住宅小区的人行道和车行道的照明设计应满足现行行业标准《城市道路照明设计标准》CJJ 45 的要求,包含照明标准、光源和灯具及附属装置选择、照明方式和设计要求、照明供电和控制、节能标准措施等内容。

**10.4.2** 住宅建筑的走廊、楼梯等公共部位采用 LED 灯具有显著的节能效果,且使用寿命长、维护成本低。色温不大于 4 000 K 的发光二极管灯蓝光污染相对较轻,故建议选用。

**10.4.3** 居住区域的夜景照明设计应满足现行行业标准《城市夜景照明设计规范》JGJ/T 163 的要求,包含设计原则、照明评价指标、照明设计、照明节能、光污染的限制、照明供配电与安全等内容。